本书受中央高校基本科研业务费专项资金资助
（SUPPORTED BY THE FUNDAMENTAL RESEARCH FUNDS
FOR THE CENTRAL UNIVERSITIES）

中国城镇家庭

资产配置
及其财产性收入研究

ASSET ALLOCATION AND THE PROPERTY INCOME OF
CHINA'S URBAN HOUSEHOLDS

万晓莉　著

西南财经大学出版社
Southwestern University of Finance & Economics Press

中国·成都

图书在版编目(CIP)数据

中国城镇家庭资产配置及其财产性收入研究/万晓莉著.—成都:西南财经大学出版社,2020.8

ISBN 978-7-5504-4466-9

Ⅰ.①中… Ⅱ.①万… Ⅲ.①城镇—家庭财产—金融资产—配置—研究—中国②居民收入—研究—中国 Ⅳ.①TS976.15②F126.2

中国版本图书馆 CIP 数据核字(2020)第 136588 号

中国城镇家庭资产配置及其财产性收入研究

ZHONGGUO CHENGZHEN JIATING ZICHAN PEIZHI JIQI CAICHANXING SHOURU YANJIU

万晓莉 著

总 策 划:李玉斗
策划编辑:何春梅
责任编辑:植苗
封面设计:墨创文化
责任印制:朱曼丽

出版发行	西南财经大学出版社(四川省成都市光华村街55号)
网 址	http://www.bookcj.com
电子邮件	bookcj@foxmail.com
邮政编码	610074
电 话	028-87353785
照 排	四川胜翔数码印务设计有限公司
印 刷	郫县犀浦印刷厂
成品尺寸	165mm×230mm
印 张	8
字 数	103 千字
版 次	2020 年 8 月第 1 版
印 次	2020 年 8 月第 1 次印刷
书 号	ISBN 978-7-5504-4466-9
定 价	58.00 元

前　言

我国居民财产性收入在近几年快速增长，并且相当数量的家庭有理财的现实需求，但同时，我国财富分布不均衡、人均财富差距进一步扩大。本书以我国家庭资产配置和财产性收入的特征为研究对象，从跨期和国际比较的视角，结合国家统计局的总量数据和几次典型的全国范围调研数据，对我国（城镇）家庭的资产配置和财产性收入的特征进行了分析，并对配置行为的动因从宏观层面和微观层面进行剖析；从投资方式、金融市场发展和制度供给等角度探讨了我国家庭资产配置的财富分配效应，并对我国居民家庭财产性收入的不均衡程度进行了实证估计和分解，进而为探讨如何适应我国老龄化背景下国民资产需求可能的变化，以及如何缩小现有财富分配差距等提供参考建议。本书主要的发现和结论如下：

一、我国家庭财产性收入的五大特征

第一，增长速度明显快于工资性收入。2005—2018 年，财产性收入的年均增长率约为 17%，而工资性收入的年均增长率仅为 6.9%。

第二，财产性收入的波动大，同时对总收入增长的拉动作用最小，2012 年之前基本在 0.2%~0.5%，是贡献率最低的一项，2013 年采用新的统计口径之后，有所增加，一直维持在 0.5%~0.9%。但可支配收入的增长仍主要依靠工资性收入，贡献率在 2.0%~4.9%。

第三，在财产性收入的内部构成中，房产收入和土地收入是最主要的来源（大于80%），之后是股利（股息与红利，下同），占到10%左右，而知识收益（如知识产权等带来的财产性收入）最低。

第四，我国居民财产性收入向高收入家庭集中，并且集中度有所提高。最高10%的收入组获得了约40%的财产性收入，而最低10%的收入组只拥有2%左右。

第五，随着家庭收入的增加，其投资品种也更加丰富。房租收入占比随着家庭收入的增加而下降，股利收入占比随家庭收入的增加而上升，而其他金融资产收益（如理财、信托计划等）和其他投资收入（如投资艺术品等）进一步扩大了分配不均衡程度。

二、我国家庭资产配置的演变路径与特征

第一，作为家庭资产配置的两大类，非金融资产相对金融资产占比更高，其中房产作为最重要的非金融资产，占总资产比例60%以上。而在其他非金融资产中，家庭耐用消费品和自有生产性固定资产占比较高，其余非金融资产占比很低。但近年来金融资产占比迅速提高，从1995年的17.1%上升到2008年的27.7%；之后这一比值虽然连续下降，但在绝对数量上2017年已是2011年的近2倍。这与我国证券及保险等金融市场在20世纪90年代以后的发展、家庭总财富的提高以及民众投资意识的增强都密切相关。

第二，就我国家庭金融资产存量的变化而言，现金和存款占比下降，但仍是占比最高的金融资产（60%~80%）；近年来保险金融资产占比迅速提高，从2004年的7.8%快速增长到2017年的12.5%，成为当前我国居民的第二大类金融资产；股票占比波动较大，间接持股比例

小幅增加；债券持有比例最低。

第三，我国家庭金融资产流量变化（动态选择）的主要特征包括：现金和存款一直是我国居民金融资产配置的首选；风险性资产的配置明显表现出与该项资产收益的正相关性，这一点在股票配置上表现得最为突出，我国居民整体上会依据股票的前期收益高低决定在股票上的资产配置比例（而不是相反）；居民在股票资产上配置比例的高低会明显地影响存款占比的相应变化；在股市表现较好的时期常出现"储蓄大搬家"现象。

第四，金融资产内部配置的特征主要表现为储蓄主导下的多元化发展，以及中介化程度提高快但总体水平仍不高。我国居民手持现金和存款的比例逐年递减，在 2017 年为 42.4%；股票、国债、保险从无到有，保险资产占比稳定上升，而股票和债券占比波动较大，尤其是股票，其当年的动态配置比例与股市的表现高度相关。我国居民所持有的风险性金融资产占比在 2004 年为 14.8%，2008 年震荡过后，逐年递增，在 2017 年达到 57.1%。

第五，不同微观特征家庭的选择差异大。财富越多、收入越高的家庭，进行风险性资产选择的比例就越高，其在总金融资产中的占比也更大。对贫穷家庭来说，流动性资产（如现金和活期、定期储蓄）等更为重要，他们几乎不参与风险性金融资产市场。随着我国居民的年龄增长，投资风险性资产的配置比例和参与率均逐步提高，到老年后（此处界定为 60 周岁以上）又开始下降。我国居民的受教育程度越高，其参与风险性金融资产选择和配置的比例就越高。东部地区和直辖市的家庭风险性金融资产的参与率和配置比率在 2008 年之前明显高于其他区域，但 2017 年时区域间差异已大幅缩小。

第六，与国际家庭金融资产配置的模式相比，我国主要具有资产金融化占比低、风险性资产占比低和中介化程度低的特征。

三、我国家庭资产配置特征的动因

第一，资产金融化趋势有制度背景。居民的收入增长与投资意识增强，金融业的恢复和发展，以及社会保障体系的建立这一系列制度性供给增加了金融资产的占比。

第二，收入水平偏低、因不确定性（如住房、教育、医疗等改革）增加的被动型储蓄和金融结构的失衡，是我国家庭金融资产配置以储蓄和现金为主的根本原因。

第三，金融市场的发展水平和产品的多样化水平低、通过中介持有股票成本高以及老龄化，是我国家庭金融资产持有中介化程度低的主要原因。

第四，不同金融产品的风险收益特征对家庭金融资产配置也有影响。长期来看，虽然我国居民储蓄存款的真实收益低于股票，但由于我国股票市场的高波动性与低分红率，我国居民仍选择将储蓄存款作为主要的金融资产。另外，债券市场发展的不足和交易的分割也造成了债券选择的低水平。

四、我国家庭资产配置和财产性收入的不均衡

我国的大部分金融资产集中在最高收入家庭，家庭金融资产的分布极为悬殊。2017 年，我国最高收入的 10% 家庭所拥有的股票占全部家庭的 48.77%，而最低收入的 20% 家庭所拥有的股票仅占全部家庭的 5.9%，基金、债券、理财等金融资产向高收入家庭集中的特征比股票

表现得更明显。

　　而在持有股票的家庭中，由于投资方式和证券市场的规范性等使得财富分配进一步向高收入家庭集中。从我国证券交易所历年的投资者行为研究报告中均可以发现，中小投资者虽然是市场流动性的主要提供者，但大投资者是驾驭泡沫的投机者，而投资者的盈利状况往往是资金规模越高，收益率越高。证券市场的不规范和内部操纵行为实质是普通股民向市场操纵者的一种不正常财富转移，导致证券市场产生一种不利于社会公正的财富分配效应。

　　在整个财产性收入中，房地产对拉大财富分配差距的贡献率最高，股利收入、保险收益和其他投资收入这三项也对总财产收入不均衡起到了扩大作用，并且这种财富分配差距还在进一步扩大。我国家庭财产性收入的基尼系数由 2005 年的 0.51 上升到 2008 年的 0.54，2015 年、2017 年这两年的基尼系数也在 0.5 以上。2005 年，最富裕 10% 家庭的财产性收入是最贫穷 10% 家庭的 28.9 倍，到 2008 年为 35.8 倍。房产收益的集中率虽然低于总的基尼系数，但由于其占比非常高，是财产分配不均衡贡献率最高（53%）的一项资产。最富裕 10% 家庭拥有的股利收入是最贫穷 10% 家庭的 59 倍。近几年的调研数据也支持股利收入、理财等其他金融资产收入是将财产性收入不均衡程度扩大的主要原因，两者贡献率在 2015 年和 2017 年分别占到了 22% 和 14%。土地房产收入对财产性收入具有平等效应，也是贡献率最高的一类，达到 70%。

　　差距唯一缩小的是保险收益。这可能与我国 2000 年后真正推进全民社保体系，将以前只集中在相对高收入群体的保险体制向全民普及，而社保收益率对所有人群是相同的这一背景密切相关。

五、相关启示和建议

面对我国居民理财需求的增加，扩大财产性收入的根本是发展经济、改善收入分配格局、增加居民收入；针对我国居民最重要的一项资产——房地产，需要完善住房金融体系，形成长期一致的住房政策预期，减少房地产投机和房价泡沫形成的概率；深入推进利率市场化、围绕服务实体经济的宗旨构建和完善多层次资本市场等金融改革，减少制度性供给对家庭金融资产配置优化的制度性约束，同时也能满足居民随着收入增长对金融资产的需求；形成规范的资本市场、加强投资者适当性教育，为投资者提供公平博弈的平台；在此基础之上，建立和健全多层次社会保障体系、完善社保和养老基金的入市标准和管理规范，这不仅能应对我国老龄化对社保体系带来的现实挑战，也可以降低低收入者分享资本市场收益的门槛，减少因资产配置不同带来的财富分配差距的进一步扩大。

万晓莉

2020 年 8 月

目　录

导　言

　　党的十七大首次提出"创造条件让更多群众拥有财产性收入"。这一方面是基于我国居民财产性收入在近几年快速增长和相当数量的家庭有理财的现实需求的事实。2005—2018 年，城镇居民人均财产性收入的年均增长速度为 30.9%，增长速度高于人均可支配收入和工资性收入的增长速度。另一方面也是基于我国财富分布不均衡、人均财富差距进一步拉大的事实。2017 年的家庭调研数据显示，最低收入家庭（占城镇居民的 10%）的财产总额占全部居民财产总额的 2.1%，而最高收入家庭（占城镇居民的 10%）的财产总额占全部居民财产总额的 40.5%。

　　事实上，20 世纪 90 年代以来，我国经济持续高速增长，伴随家庭金融资产大幅增长的是金融资产选择空间的不断扩大。

　　我国投资者的差异化越发明显，与总量高速增长形成鲜明对比，这主要表现在收入差距拉大、社会阶层分化和年龄结构老龄化的加速。富裕阶层虽然占比很小，但是其资产配置效应很大。2007 年以来，我国私募基金的发展速度甚至超过了公募基金。我国虽然还存在劳动力成本优势，但目前确实已进入老龄化社会的发展阶段，由生命周期特征引致的其对金融资产配置行为的改变，将对我国金融机构和金融市场的发展带来深远的影响。

　　那么，我国家庭金融资产配置的特征和演变路径到底如何？其配置动因有哪些？现行发展态势存在哪些问题？对财富和收入分配的效应如何？目前多数研究都是从政策和产品的供给角度如产品发展与业务创新等来展开研究，从投资者对金融资产需求的角度来分析的研究还较少。尤其是 2008 年全球金融经济危机的爆发，更促使学术界和业界包括政府官员重新思考金融市场的发展对于经济增长和稳定的作用与意义。本书以家庭金融资产配置和需求的角度结合老龄化趋势来探讨金融市场的发展方向和对收入分配的作用机制，可以在一定程度上推进宏观金融理论的研究。

　　本书主要分为以下几个部分：第一部分是对家庭金融资产配置的相关概念的说明和对现有理论的评述；第二部分从跨期和国际比较的视角，对我国（城镇）家庭资产配置和财产性收入的历史与现状进行了实证分析；第三部分是对我国家庭金融资产配置行为的动因分析；第四部分是对我国家庭金融资产配置现状的问题分析，具体表现为对投资方式、证券市场政策以及金融资产配置对财富分配影响的分析，并对我国家庭财富分配不均衡效应进行了实证估计和分解；第五部分是本书的结论以及提出的政策建议。

第一章　家庭金融资产配置的
相关概念和理论综述

为了对我国家庭金融资产配置及其财产性收入的发展、特征和可能存在的问题进行分析，我们有必要先对相关概念进行界定，并对现有相关理论进行梳理，为后续研究奠定基础。

第一节　家庭资产选择及财产性收入的相关概念

一、家庭

"家庭金融资产行为"中的"家庭"是行为的主体，它是在婚姻关系、血缘关系乃至收养关系基础上产生的，以情感为纽带，亲属之间所构成的社会生活单位。成立家庭就意味着至少两个人共同决定长时间生活在一起，相互分享经济资源，并共同决策和计划如何运用这些资源①。与家庭是社会生活的组织形式不同，居民是以住户为单位的法律形式，是在一国从事商品生产与服务，以获取收入用于投资与消费的个人群体，是市场经济中的基本主体，是与家庭有区别的概念。尽管如此，本书在使用"居民"这一词汇时，没有和家庭在具体含义上做细

---

① 书中虽以"家庭"为主要研究对象，但因内容需要，书中有时也会使用"居民"这一概念。

致区分。

二、资产、财产与家庭资产

市场经济中的家庭主体需要根据自身偏好和客观需要权衡收益和风险，选择持有财富具体形态的资产及其组合，因此本书所指的资产也是经济学意义上的资产，它具备如下含义：首先，资产具有很强的动态变换性，即在当前资产是家庭主体某种最优组合的结果，但在未来家庭要根据预期判断及客观条件做出不断的调整和变化；其次，资产的价值具有不确定性，即资产的价值判断是依据资产未来的预期收益与风险，而未来的预期收益与风险是随经济环境而变动的；最后，资产具有可交易和转让性。

家庭为了实现资产组合的调整，需要通过特定的资产市场进行所有权或控制权的转让。资产的交易流转有赖于资产现实的市场价格，因此资产在价值上以市场价格为标准，在内容上具有不确定性。"资产"和"财产"是一对既相互联系又有区别的概念。财产是指经济主体拥有完全产权的自有资产，一般具有法律意义上的产权性质。资产可能是经济主体自有资产，也可能是非其所有但由其实际控制的资产，即通过负债形式借入的资产，经济主体对资产一般具有控制权和拥有权。因此，财产在数值上等于资产与负债的差额。但是，自有资产和负债形成的资产常常是融合在一起的，家庭要对所有的资产进行统筹管理，所以在分析家庭对各项经济资源的配置调整时，"资产"这一概念更加具有实际意义。因此，本书将家庭资产定义为家庭实际控制或拥有的，可以用货币计量的，用于消费、投融资活动以及生产经营活动等，为家庭带来相应经济收益的经济资源。

在对我国家庭金融资产的收益进行分析时，本书交替使用了金融资产收益与金融财产性收入这两种说法。这里的财产等同于上述资产的概念，之所以使用这一概念是为了与《中国城市（镇）生活与价格年鉴》的提法保持一致，也是与生活中常用的说法保持一致。

三、家庭资产分类

根据资产的具体形态，家庭资产可分为非金融资产和金融资产。非金融资产也是实物资产，是家庭拥有的具有实物形态的资产，主要包括房产、汽车、耐用消费品和收藏品等。金融资产是家庭持有的，以信用关系为特征、货币流动或资金流通为内容的债权和所有权资产，主要包括手持现金、储蓄存款、债券、股票、基金、外汇和保险单等。在理论研究中，我们出于简化问题的需要，一般将金融资产以非风险性和风险性划分。非风险性金融资产包括手持现金、储蓄存款和短期国债等；风险性金融资产包括除上述非风险性金融资产之外的金融资产。从来源上看，这些金融资产是家庭各期收入的消费节余，即居民储蓄的存在形式。

四、家庭金融资产配置行为

家庭金融资产配置行为是家庭对一种或几种金融资产所产生的需求偏好和投资倾向，进而持有的行动。它主要包括相互联系的两个层面：一是家庭如何将广义的储蓄在实物资产和金融资产之间进行分割，即家庭金融资产总量的确定；二是家庭在用于金融资产投资的部分确定以后，如何在各种金融资产之间进行选择，即家庭金融资产结构的确定。本书主要研究家庭金融资产选择的第二个层面，即家庭如何在各种金融资产之间进行选择。

影响家庭金融资产选择的因素主要有三个方面：首先是家庭自身的

内部特征因素，包括收入、年龄、职业、教育程度和风险厌恶程度等。其中，收入水平及其带来的家庭财富总量是影响家庭金融资产选择的最根本因素。其次是金融资产的收益风险特征。储蓄存款、债券、股票和保险等金融资产的收益风险特征各不相同，家庭在进行金融资产选择时会比较金融资产的收益风险特征。最后是经济金融环境。稳定繁荣的经济金融环境是家庭能够理性做出金融资产选择行为的前提，在这个前提下，投资者才有可能合理地预期金融资产的收益风险；相反，则会扭曲投资者的预期和行为，不利于家庭金融资产的选择和配置。同时，由于我国金融市场的发展受到政府的诸多影响，更多是属于制度性供给下的产物，许多金融子市场的发展会因为制度供给的缺失而在有需求的情形下无法发展，因此本书还将重点分析我国金融市场结构对家庭金融资产选择的影响。

五、财产性收入

比较权威的关于财产性收入的定义及相关数据来自国家统计局。根据国家统计局农村社会经济调查司编撰的《中国农村住户调查年鉴》，财产性收入是指金融资产或非生产性资产的所有者向其他机构单位提供资金或将有形非生产性资产供其支配，作为回报而从中获得的收入。国家统计局城市社会经济调查司在《中国城市（镇）生活与价格年鉴》中给出了更为详细的定义，即财产性收入是家庭拥有的动产（如银行存款、有价证券等）和不动产（如房屋、车辆、土地、收藏品等）所获得的收入。具体而言，财产性收入包括利息收入、股利收入、保险收益（不包括保险责任人对保险人给予的保险理赔收入）、其他投资收入、出租房屋收入、知识产权收入以及其他财产性收入。各种财产性收入的具体定义如下：

（1）利息收入。它是指资产所有者按预先约定的利率获得的高于存款本金以外的那部分收入，包括各类定期和活期存款利息、债券利息、储蓄性奖券和存款的"中奖"收入。

（2）股利收入。它是指购买公司股票后，由股票发行公司按入股数量分配的股息、年终分红。

（3）保险收益。它是指家庭参加储蓄性保险，在扣除交纳的保险本金后，所获得的保险净收益，不包括保险责任人对保险人给予的保险理赔收入。

（4）其他投资收入。它是指家庭从事股票、保险以外的投资行为所获得的投资收益。如出售艺术品、邮票等收藏品的价格超过原购买价格的那部分收入，又如投资各种经营活动（自己不参与经营）所获得的利润，以及财产转让溢价的部分收入。

（5）出租房屋收入。它是指出租房屋所得的资金净收入。租金收入中应扣除缴纳的各种税费、出租房屋的维修费用等各种成本支出。

（6）知识产权收入。它是指出让家庭或家庭成员拥有的专利、版权等知识产权所获得的净收入。

（7）其他财产性收入。它是指家庭所得的除上述以外的各种财产性收入。

本书将根据国家统计局有关财产性收入的定义以及《中国统计年鉴》和《中国城市（镇）生活与价格年鉴》的总体数据，结合清华大学 2008 年中国家庭金融调查和西南财经大学 2011—2017 年的四轮家庭金融调查数据，对近年来我国城镇居民的财产性收入的演变路径、结构特征以及发展趋势进行分析。由于数据源不一致，在部分家庭金融调查的数据处理时，可能会有一定偏差，如出租房屋收入在 2011—2017 年加入了土地、房产变卖的款项，但所得数值并不影响主要结论的得出。

第二节　家庭金融资产配置的文献综述

家庭金融资产配置的理论主要可以分为三大类：第一类从最微观的角度，以个体储蓄和资产配置决策的优化问题入手进行分析；第二类从宏观的角度，即一国金融市场的发展和金融结构的演变来看其对家庭金融资产配置的影响；第三类则主要关注家庭资产配置对社会财富分配和收入分配结构的影响。基本上这三类理论反映了现有研究对家庭金融资产选择动因、演变趋势及其对社会公平影响的关注。

一、家庭金融资产配置的内生理论综述

（一）理论发展脉络

从历史发展阶段来看，家庭金融资产配置的内生理论主要分为储蓄理论、资产组合理论和生命周期投资理论。早期的储蓄理论主要是基于货币的机会成本来讨论现金需求和储蓄的决策。以 Baumol（1952）和 Tobin（1956）为代表提出的存货模型，就是对现金的交易需求和持币机会进行成本优化后，形成了最佳现金和储蓄的决策。

随着资本市场的发展，家庭可选择的金融资产种类得到了极大丰富。马科维茨（1954）的原创性工作开创了从风险和收益视角研究资产组合的理论，其最初关注的是相对简单的在一个时期当事人消费掉所有的金融资产的配置问题。Tobin（1958）在引入了无风险资产概念后，研究了风险厌恶程度对于风险资产和无风险资产的最优化配置问题。Sharpe et al.（1964）进一步扩展了模型，形成了著名的资本资产定价模型（CAPM），这是第一个包括风险的资产定价的一般均衡模型。

CAPM 预测所有的当事人将持有相同的资产组合，但比例不同，这种资产组合是所有可交易证券的资产组合。然而，所有这些模型的预测与个人行为的实证研究完全不同，个人的资产组合随着年龄和财富的不同而不同，证券价格和市场资产组合的相关性仅能解释很少一部分（Compbell et al.，1995）。

正是考虑到这种差异性，后来发展起来的生命周期投资理论则成为近年主流的研究个人金融资产配置的理论基础。现代的生命周期模型是以 Ramsey（1928）和 Friedman（1957）（无限期界模型）、Fisher（1930）以及 Modigliani 和 Bermberg（1954）（有限期界）所奠定的较为成熟的分析跨期消费、储蓄的理论基础发展而来，可以融入更为真实的社会现实，如偏好、未来贴现以及对波动的厌恶等因素都可以加入模型进行研究。Modigliani 和 Bermberg（1954）认为，消费者会根据其一生的收入来选择合理的、稳定的消费率，合理性主要体现在消费效用的最大化，而稳定性则旨在个人一生的消费平滑。因此，生命周期理论认为人口和生产率增长会产生储蓄，人们在年轻时储蓄，年老时消费。然而该理论也受到经验证据的挑战，如有从遗产动机（Kotlikoff et al.，1981）、应付长寿风险（Davies，1989）、流动性约束（Thurow，1969）、由未来收入的不确定性导致的审慎性消费（Nagatinani，1972）等角度给予的解释。

基于生命周期和资产组合理论，我们可以得出这样的推论：不同收入和年龄的家庭其资产组合具有不同的特征。如果劳动收入完全没有风险，那么，无风险资产将被严重地挤出。在家庭不存在流动性约束的情况下，就可以为风险资产投资取得融资。就理论而言，如果劳动收入有风险但与风险资产不相关，那么无风险资产仍然会被挤出，只是挤出程度不如预期明显。资产组合中对风险资产的投资倾向将会有所下降。如果劳动收入与风险资产呈正相关，那么资产组合的倾向则相反，家庭将增加安全金融资产的持有来补偿有风险的人力财富。进一步地，在收入冲击与股票收益率不相关或弱相关的假设下，对未来劳动收入预期较高的家庭持有股票的愿望更强。在青年时期（或家庭主要收入者），预期未来收入的贴现值相对于金融资产有所增加，当收入增加并越来越接近一生中最高收入时，贴现率逐渐降低，年轻（但不是最年轻）人（或家庭主要收入者）最容易受到借款约束的影响，从而限制了他们对证券的持有。到老年时，由于劳动收入下降很快，其风险资产的配置占比也会下降。因此，风险资产占比与年龄大致呈现驼峰状曲线。

（二）家庭金融资产配置的实证研究

调研数据的可靠性和可获得性是此类研究的最大难题。在目前家庭金融资产配置的实证研究中，以美国联邦储备委员会自 1989 年以来每三年进行一次的消费者财务状况调查（SCF）的数据最为权威和可靠。目前利用 SCF 数据进行的研究主要包括 Campbell（2006）、Bergstresser 和 Poterba（2004）、Bertaut 和 StarrMcCluer（2002）、Carroll（2002）、Tracy 和 Schneider（2001）、Heaton 和 Lucas（2000）、Tracy et al.（1999）以及 Poterba 和 Samwick（1997）。研究数据发现：第一，不同家庭的资产组合选择不同。特别是许多家庭根本不持有股票。第二，许多家庭只持有很少的金融资产（无论以何种形式）。即使是中等收入的家庭持有的金融资产占其总资产的比例也仅为 25% 左右。第三，许多富有的家庭拥有私人企业。第四，近年来，家庭中投资于股票的倾向有了惊人的增长，而这其中有大部分原因来自个人退休账户和养老金计划。第五，财富、收入、年龄是影响家庭金融资产配置比例和风险性金融资产配置比例的关键因素。财富和收入越多的家庭，风险性资产的配置比例就越高，其在总金融资产中的占比也越多。财富效应非常明显：最低财富家庭，几乎不参与金融市场，尤其是风险资产投资（这与标准的金融理论相悖，目前大多数学者从风险金融市场参与的固定成本这一角度进行解释），而财富最多的 20% 的家庭，持有大量金融资产，其中风险资产占比也越多，股票是占比最高的风险资产，尤其是对最富裕的 5% 的家庭而言。但是，即使在这部分最富裕的家庭中，也还有 20% 的家庭不持有股票（大多学者认为这是因为高参与度的私人投资资产造成的）。中等财富家庭中，房地产是主要资产，股票排在其后。年龄效应：理论上年龄与风险资产参与度呈驼峰状，但现实并不完全如此，许多 70 周岁以上的老年家庭组仍是持有股票占比最高的年龄段（见表 1-1）。这或许与金融发展、住宅投资约束有关。各国家庭直接持有股票随年龄变化分布见表 1-1。

表 1-1 各国家庭直接持有股票随年龄变化分布

单位：周岁

年龄	<30	30~39	40~49	50~59	60~69	>70	平均
美国	22.5	28.3	29.4	32.7	37.5	41.3	34.6
英国	57.1	51.3	46.7	38.9	33	37.6	42.7
荷兰	24.2	48.8	30.2	41.1	57.2	56.3	47.6
德国	17	15.2	15	16.6	22.1	27.5	18.6
意大利	18.9	22.3	23.4	23.7	22.8	22.7	23

数据来源：Guiso, et al., Household Portfolios [J]. Quantitative Economics, 2002, 3（4）：595-599；Tokuo I. Household Portfolios in Japan: Interaction between Equity and Real Estate Holdings over the Life Cycle, NBER Working Paper [J], 2003：9647.

（三）住宅对于家庭金融资产配置的影响

由于住宅的特殊性，对于许多家庭来说，住宅是一项最重要的资产。就总财富而言，德国、意大利的家庭住宅占到总财富的一半左右，法国、日本次之,之后是英国和美国。住宅占家庭财富最低的仍然是美国。各国家庭住宅占其收入和资产的比例如表 1-2 所示。

表 1-2　各国家庭住宅占其收入和资产的比例

单位:%

国家	住宅与可支配收入比		住宅与金融资产比		住宅占总财富的比例	
	1995 年	2000 年	1995 年	2000 年	1995 年	2000 年
意大利	315	329	124	97	55	49
英国	218	292	56	64	36	39
德国	283	278	128	106	56	51
法国	237	271	103	88	51	47
美国	137.6	155.1	41.1	38.3	29.1	27.7
日本	330.8	294	82.1	67	45.1	40.1

数据来源:根据 Babeau A et al.(2003)的研究以及 2000 年的相关资料计算得到。

博迪(1992)提出将住房作为风险资产引入现有的资产配置模型研究中。当住房具有股票等风险资产没有的特征时,如有较高的交易成本,可以提供消费流,具有平行的市场,则人们可以对其购买也可以租赁。Cocco(2000)基于其理论模型的数值模拟结果发现,住房对于股票投资有挤出效应,尤其是对于年轻的投资者而言,挤出效应更为明显。Nakagawa(2000)的实证研究则发现日本的住房投资对股票的挤出效应在发达国家中更为显著。Yao 和 Zhang(2003)则在 Cocco(2000)的研究基础上,增加了租赁市场和住房购买市场,其模型结论认为是否购房或租房对于家庭的财富—收入比率而言是一个重要的因素。富裕家庭较少受到流动性约束,因而能够支付购买住房所需的首付款。

二、金融结构和投资者结构的文献综述

金融结构的演变不能仅从外生供给的角度来看，还需要从投资者的资产配置行为的角度来看。人口结构和财富分布也会影响到金融结构、投资者结构的变化。此外，投资者结构也不仅是金融行业不断细分的产物，还是投资者资产选择的结果。

（一）金融结构

美国经济学家戈德史密斯（1968）最早对金融结构问题展开系统研究，他把金融结构定义为"金融工具和金融机构的相对规模"；同时指出，金融结构的差异反映了金融上层结构、金融交易以及国民财富、国民总收入基础结构等方面在数量规模和质量特点的变化。他发现，经济发展还会伴随金融机构在一国金融资产中份额的持续提升，也就是所谓的金融资产"机构化"的情况。经济发达国家的金融体系的重要特征是银行体系的相对地位的下降；同时，一些新的金融机构的重要性却在不断上升。其侧重于一系列金融结构指标的构建以进行跨国的比较。

美国著名金融学家罗伯特·默顿和滋维·博迪（1993）提出了金融体系"功能观点"（functional perspective），为金融结构的演变提供了一个全新的视角。默顿和博迪认为，金融体系的基本功能变化很微小，但不同金融机构的构成及形式却是不断变化的。从长期趋势来看，金融产品正不断从金融中介机构向金融市场转移，从信息不透明机构向信息透明机构转移。

此外，各国金融体系的差异主要反映在金融结构的不同上。即使经济发展程度相当的国家，也可能存在截然不同的金融体系。关于金融系统差别的原因，大致可以分为四类：法律观、动态法律观、政治观、资源禀赋观（张昊，2008）。

　　法律观强调当今世界最有影响力的两大法律传统的差异——英、美等国的普通法系和法、德等国的民法系，它们决定了当今金融结构的国别差异。以 La Porta et al.（1998，1999）为代表的法律观认为，法律以及履约机制规范着金融交易的行为。由于契约安排是金融活动的基础，保护投资者以及履行契约的法律制度有利于促进金融的发展。其直接推论是：对投资者产权保护越有效，则金融体系的发展就越倾向于直接融资。普通法在历史上总是站在财产所有者一边以对抗政府的干预，而民法体系的构造初衷就在于巩固国家政权，抑制法庭干预国家政策。国家的主导性造就了法律更加重视国家的权力而不是个人投资者的权力，因此民法体系的国家大多是以银行为主导的金融体系。

　　以 Beck et al.（2001）为代表的动态法律观是对法律观的一种修正。在接受法律观的同时，认为法律观忽视了当外部环境变化时不同法律体系的自我调整从而适应环境变化能力的差异，正是这种差异主导着金融结构的发展。普通法系中，强调案例和实际情况的变化，因而具有内在的适应社会发展需要的动态调整机制。而法国民法典产生于大革命时期，更强调国家意志和乌托邦思想，因而具有更多的静态特点。

　　政治观认为政治对经济社会的作用表现在对资源的分配上，而分配的过程实质上是各利益集团博弈的结果。如果掌握权力的政治精英通过自由竞争的金融制度可以获得最大的利益，则他们会利用其政治影响力制定相应的法律促进金融市场的发展；反之，他们就有可能阻碍金融市场的发展。因为比起政府缺乏控制力的独立市场，银行系统使政府更容易引导资本流向他们所希望的方向（Rajan et al.，2002）。总之，政治观认为强有力的反映特权集团利益的政府会制约金融系统的发展；相反，一个分权的、开放的、竞争型的政府有利于促进金融系统的发展。

　　禀赋观源于 AJR's（2000）的开创性研究。该观点认为，初始的资源禀赋如土地、气候、疾病决定了各自不同的金融体系。首先，不同的殖民政策会形成不同的制度。定居殖民者对于仅是资源榨取型的殖民者会更有兴趣建立保护私人产权的制度，且更倾向于建立集权专制主义整体。其次，殖民地环境条件影响殖民政策。适宜的居住环境会促进殖民者定居，由此初始的禀赋条件决定了金融发展的逻辑起点。最后，制度发展过程中的路径依赖确定了以后的发展道路。美国、澳大利亚等国家由于其适合发展的制度安排而得以坚持和延续，而对于那些榨取型国家，如刚果等，在他们赶走欧洲殖民者后遵循既有的制度建立了专制统治。

以上这些观点虽然各有侧重，但大多是从政策供给因素的差异来理解金融体系的演变差异，而从人口结构（现在许多国家正发生的老龄化现象）这一资产需求差异化视角来分析金融体系演变的研究几乎没有。这正是本书要重点研究的内容之一。

（二）投资者结构及其行为研究

在我国对资本市场的讨论中，"投资者结构"这一名词经常被提及，但一直没有严格的定义，目前大多是指机构投资者和个人投资者的比例。西方的经济理论和金融理论中也并无专门的投资者结构理论，不过对于机构投资者的起源和不同类型投资者在金融市场尤其是股票市场中的行为特征差异性的研究有很多，这是我们研究投资者结构的演变路径、投资者机构化对于金融市场影响的基础。

理论界对于机构投资者起源的研究有很多，主要可以归因于分工与专业化以及产业规模效应两大类。机构投资者的信息优势、投资对象扩大导致的规模经济和范围经济效应超过了其专业化的运营成本（如学习、组织、信息处理和交易成本），而从市场中分离出来。

正是基于机构投资者与个人投资者的不同，国外理论界对于机构投资者的行为特征和对股市影响的研究也颇多。目前，文献就机构投资者对于股价波动的影响存在两派对立的观点：一是机构投资行为不会影响股价。如 Fama（1976）基于完全有效市场假设下的理论。二是机构投资者会影响股价。如 Shleifer（1986）以个别股票供需法则的观点认为，当机构大量卖出股票时，使个别股票的供给增加（供给曲线右移），在需求不变下，股价便有向下调整的压力；反之亦然。更新的研究成果如 Xavier Gabaix et al.（2006）在一般均衡理论框架下论证了机构投资者的交易在相对缺乏流动性的市场上导致了基本面不能解释的波动。

在实证上，国外学者对于机构投资是否能够稳定市场、减少波动也存在两类对立的观点：一是投资机构化没有加剧股市的波动。Lakonishok et al.（1992）指出，机构投资者的羊群行为并不一定会导致市场的不稳定，一定条件下的羊群行为和负反馈交易行为反而能稳定市场、减少波动。Hirshleifer et al.（1994）提出了部分知情机构投资者先于其他交易者得到信息的两期模型，发现早先得到信息的投资者一般买入股票，并在下一期（后来得到信息的投资者进入）卖出股票，即早先得到信息的知情机构投资者（一般指机构投资者）有反向交易倾向。Barber 和 Odean（2003）发现，美国的个人投资者喜欢买卖那些在交易量或价格变化出现异常状况而且被媒体关注的股票，而机构投资者则没有这样的行为。因此在这种情况下，机构投资者可能起到了稳定股价的作用。二是机构投资者加剧了股价波动。这派观点大多认为机构投资者比个人投资者表现出更强的羊群行为和正反馈交易特征，这些行为加剧了股市波动。最具代表性的是 Sias（1996），他以 1977—1991 年纽约交易所的所有上市公司为样本，分析了股价波动与机构投资者持股比例的关系。研究发现，机构持股份额的上升与波动性的上升存在正相关关系，而且在先后顺序上，前者先行于后者，机构投资者确实是引起股价波动加剧的原因。Loeb（1983）发现，股票交易冲击成本大的基金经理会引起较大的股价波动。Chang 和 Sen（2005）运用日本 1975—2003 年的数据，得出了机构投资者的羊群行为与公司股价格的特异性（idiosyncratic）波动具有显著的正相关性。

国内学者对于机构投资者与股市波动性关系的研究大多还集中在定性分析和对机构投资者发挥稳定市场功能必须具备的前提条件的探讨上。近年来也出现了一些实证方面的文献，但是和国外研究结论一样，我国的实证结果也不一致。我国学者中，有部分学者认为机构投资者可以稳定市场。如梁宇峰（2000）对基金的交易频率进行的研究显示，作为机构投资者代表的证券投资基金的交易频率要低于其他投资者，这在一定程度上有助于稳定市场。姚姬和刘志远（2005）通过对 2001—2003 年基金重仓股的实证研究，发现持股比例越高的股票的季度流动性和收益性越高、波动性越低。祁斌等（2006）利用 2001—2004 年在上交所上市的 A 股每日机构投资者持股比例、流通市值和复权价格数据发现，在控制了公司规模的前提下，机构投资者持股比例与股票波动性之间存在显著的负相关关系，并且高机构持股的股票波动性在 2002 年后有明显下降，而低机构持股的股票的波动性下降不够显著。汤大杰（2008）利用 1997—2006 年的日度数据，以基金发展阶段的时间点直接分析股市综合指数，得出的结论是我国基金入市对于市场稳定性有正面作用，但正如作者自己所述，这种中观层面的方法，无法说清机构投资者和个人投资者在减小股市波动性上的作用。还有部分学者认为，我国机构投资者加剧了市场波动。如施东晖（2001）运用经典的 LSV 方法，发现我国证券投资基金存在较为严重的羊群行为，并通过反馈交易策略考察了羊群行为对股价的影响，认为投资基金的交易活动在一定程度上加剧了某些股票的价格波动。孙培源和施东晖（2002）以资本资产定价模

型为基础，建立了一个更为灵敏的羊群行为检验模型，结果表明在政策
干预频繁和信息不对称严重的市场环境下，我国股市存在一定程度的羊
群行为，并导致系统风险在总风险中占有较大比例。常志平和蒋馥
（2002）采用横截面收益绝对差（CSAD）方法，发现在上涨行情中我
国深圳证券市场与上海证券市场均不存在羊群行为，但在下跌行情中深
圳证券市场与上海证券市场均存在羊群行为，且深圳证券市场比上海证
券市场具有更多的羊群行为。何佳等（2007）以深圳证券市场为研究
对象，从基金投资组合变化与股价波动的关系和基金的交易行为与股价
波动的关系两个角度研究了机构投资者和股市波动的关系，得出的结论
是机构投资者对整个市场价格波动的影响很小。以证券投资基金为代表
的机构投资者随市场环境和结构的变化对股价波动会产生不同的影响，
有时增加股价波动，有时减少股价波动，不能得出"机构投资者一定能
够稳定股市"的结论。但是该文在进行实证检验时没有考虑到公司规模
的影响，也没有对机构投资影响股市波动性的客观条件做进一步深入
分析。

（三）投资者结构与经济金融发展的互动机制

投资者结构内生于经济金融的发展，但也会对其产生反馈作用。目
前，关于两者相互作用机制的系统研究还几乎没有，但是有一些有关机
构投资者对于宏观经济影响的研究。研究主要认为，机构投资者的发展
会促进国民储蓄率的提高。美国学者 Poterba et al.（1993）研究发现，
当所选样本人群（都参加了私人养老计划）金融资产增加时，其增加
部分几乎都是来自养老账户，与此同时，他们的非养老账户的储蓄并没
有减少，且参加养老计划的人比没有参加养老计划的人的储蓄增长要
快。由此他们认为，机构投资者的发展确实增加了居民的储蓄率。
Attanasio 和 De Lieure（1994）对 IRAs 和国民储蓄的数量关系进行了研

究，他们的结论是每投向 IRAs 一个美元，会使全社会净新增储蓄 20 美分。Holzmann（1997）以智利养老金改革的经验，分析指出一国机构投资者的成长将刺激本国资本市场甚至经济的发展。智利养老金体制的建立，刺激了私人储蓄的增长，进而促进了金融资产的积累和金融市场的发展，并促进了实体经济的强有力增长。Fontaine（1997）指出，智利养老金的发展促进了国内资源的转移，国家财政有更大的能力应付其国际债务，而且养老金改革提高了储蓄率，可与国际投资者的转移行为更好地隔绝。与其他拉美国家相比，智利是墨西哥金融危机中受影响较小的国家之一。

三、资本市场与财产性收入

目前，文献对于资本市场与财产性收入的关系还很少有系统的研究，本书拟通过基于金融深化与金融协调、养老金发展这种间接传导渠道，以及泡沫经济与资产分配的这种直接传导渠道进行研究。

（一）金融深化与金融协调论

以 Shaw 和 McKinnon（1973）为代表的金融深化理论认为，落后国家存在"金融抑制"的情况，即落后的金融体系制约了经济的发展，进而提出了促进金融体系发展的金融深化理论。他们认为，在落后国家，市场处于分割状态，资源配置也处于无效率状态，市场价格不能反映资源的稀缺度，不能发挥优化资源配置的作用，在资本市场更是如此，资本的配置很不合理，这本身也阻碍了资本的进一步积累。Shaw（1973）对传统的货币观提出了自己的看法。他认为，对于个人和社会而言，货币是不同的：对于个人而言，货币是财富；对于整个社会而言，货币是金融中介，有利于资本市场的整合，从而有助于动员储蓄、降低投资的不确定性、提高投资回报率。金融深化论的核心观点认为金融体系对于经济增长是重要的，但是有关金融发展和经济增长的关系在众多的宏观金融领域的研究中还一直没有定论。亚洲金融危机后，白钦先（2001）提出了金融可持续发展理论，揭示了金融的资源属性。孔祥毅（2003）在其基础上，提出了金融协调论，指出金融与经济的协调是金融与经济可持续发展的关键。

（二）养老金与财产性收入

自从 1975 年美国的老龄化问题引起各界的重视后，随着美国政府在 1978 年推出的 401K 计划，美国的养老金发展非常迅猛，目前已成为美国资本市场上规模最大的机构投资者。养老金通过投资于股市和做权益类投资，使得普通工人真正享有了获得并拥有相应企业利润的权力。

300 年前，约翰·洛克在他的自由社会宣言《政府论》（下篇）中指出，"私有财产是个人神圣不可侵犯的自然权力，因为他们曾经为此付出过辛勤的劳动"。享有养老金的权力需要以延期工资和"劳动"报酬为基础。由此，这项权力几乎比其他任何形式的财产都更接近于约翰·洛克对财产的揭示。然而，除此以外，养老金与常见的任何关于"财产"的属性都不一致。它不能被分割、出售、抵押、转让、遗赠或者继承，更不可能成为让个人直接拥有"生产资料"的资产，但是它的确对"生产资料"拥有明确的所有权。因此，德鲁克认为养老金是一种新的"资产"，可以被视为一种"社会财产"，而这种财产更需要合适的权利归属和权利保护。

（三）泡沫经济与资产分配

泡沫经济与资产分配之间并没有专门的理论研究，但其本质与利率变化对借贷双方产生的异质影响类似。泡沫经济的不断浸透，意味着实物资产如土地、住宅、股票以及债券等价格的暴涨。因此，土地、股票等持有者的资产价值会急剧上升，急剧加大了他们与非持有者之间的差距。泡沫经济崩溃的好处之一就在于抑制了资产分配的不均衡化，但是金融资产分配不均衡的现象尚未消失。橘木俊诏（2003）实证研究了日本 1985 年前后开始的泡沫经济到 1990 年年初泡沫经济的破灭对日本的资产分配不均衡的影响，结果发现，在泡沫经济时期，资产分配不均衡的程度有相当大的提高，土地持有者和非持有者之间的差距急剧明显化。

第二章　中国家庭资产配置及财产性收入：
历史与现状

　　随着我国人均收入的提高以及金融市场的发展，家庭有了资产可以配置，有了财产性收入与工资性收入的比较。为了把握我国家庭资产配置和财产性收入的演变与特征，我们分别在家庭资产配置涉及的两个层面（首先是金融资产和非金融资产间的配置，其次是金融资产内部的选择）进行长期的和跨国的比较，以把握其历史演变规律和现行特征。

第一节　我国家庭财产性收入的演变趋势与特征分析

一、财产性收入的演变路径

（一）财产性收入增长速度快于工资性收入

　　由于我国在过去几十年通货膨胀波动剧烈，为了便于比较，我们将各年份的收入以城镇价格指数换算成 2000 年的价格进行时序上的比较。从表 2-1 和表 2-2 可以看出，我国城镇居民财产性收入从 1990 年的人均 33 元增加到 2018 年的 2 686 元（2000 年价格），年均增长率约为17.0%；而人均可支配收入从 1990 年的 3 241 元增加到 2018 年的26 171 元，年均增长率为 7.7%，大大低于财产性收入的增长速度，财产性收入的增长速度在各项收入来源中排名第一，大大超过了工资性收入年均 6.9% 的增长速度。

表 2-1 我国城镇居民的收入构成（2000 年价格）

单位：元

年份	人均可支配收入	工资性收入	经营净收入	财产性收入	转移净收入
1990	3 241	2 467	48	33	705
1995	4 751	3 761	81	100	805
2000	6 280	4 481	246	128	1 441
2005	9 929	7 379	643	183	2 508
2006	10 963	8 173	755	227	2 702
2007	12 299	9 131	839	311	3 020
2008	13 332	9 546	1 228	327	3 319
2009	14 642	10 556	1 303	368	3 849
2010	15 804	11 336	1 417	430	4 211
2011	17 130	12 105	1 736	510	4 484
2012	18 063	12 979	1 908	529	4 768
2013	19 815	12 441	2 227	1 911	3 236
2014	20 633	12 831	2 346	2 012	3 445
2015	22 007	13 642	2 452	2 146	3 767
2016	23 250	14 293	2 607	2 262	4 088
2017	24 778	15 114	2 767	2 456	4 441
2018	26 171	15 864	2 962	2 686	4 659

数据来源：根据国家统计局官网相关数据计算而得。自 2013 年起，国家统计局开展了城乡一体化住户收支与生活状况调查，2013 年及以后数据均来自此项调查，与 2013 年前的分城镇和农村住户调查的调查范围、调查方法、指标口径有所不同。

表 2-2 我国城镇居民各项收入的真实增长率（与上年同比）

单位:%

年份	人均可支配收入	工资性收入	经营净收入	财产性收入	转移净收入
1990	8.5	0.3	0.3	28.0	45.6
1995	4.9	0.2	1.9	12.5	31.0
2000	6.4	3.5	18.3	-1.0	13.7
2005	9.6	7.3	35.4	17.8	12.4
2006	10.4	10.8	17.4	24.6	7.7
2007	12.2	11.7	11.2	36.7	11.7
2008	8.4	4.5	46.3	5.2	9.9
2009	9.8	10.6	6.1	12.6	16.0
2010	7.9	7.4	8.7	16.9	9.4
2011	8.4	6.8	22.5	18.5	6.5
2012	5.4	7.2	9.9	3.8	6.3
2014	4.1	3.1	5.3	5.3	6.4
2015	6.7	6.3	4.5	6.7	9.3
2016	5.6	4.8	6.3	5.4	8.5
2017	6.6	5.7	6.1	8.5	8.7
2018	5.6	5.0	7.0	9.4	4.9

数据来源：根据国家统计局官网相关数据计算而得。自2013年起，国家统计局开展了城乡一体化住户收支与生活状况调查，2013年以后数据均来自此项调查，与2013年前的分城镇和农村住户调查的调查范围、调查方法、指标口径有所不同。

注：由于2013年国家统计局调整了统计口径，该年与上年数据不可比，因此表中略去了2013年数据。

（二）财产性收入的波动大，对总收入增长的拉动小

虽然过去几十年中财产性收入的年均增长率较高，但其波动性在各收入类别中也最高。不论是收入绝对水平的波动性，还是收入增长率的

波动性，财产性收入都是波动率最高的，甚至超过了经营净收入的波动幅度。我国城镇居民各项收入的波动性比较见表2-3。

表2-3　我国城镇居民各项收入的波动性比较

可支配收入	收入值的波动	增长率的波动
人均可支配收入	0.44	0.28
工资收入	0.38	0.74
经营净收入	0.62	0.90
财产性收入	0.98	2.13
转移性收入	0.38	1.41

数据来源：根据国家统计局官网相关数据计算而得。

注：其中的波动用1990—2018年各项真实收入的标准差与均值的比进行衡量。

此外，财产性收入对可支配收入增长的贡献率也还较低，在2012年之前基本上在0.2%~0.5%，是贡献率最低的一项，在2013年采用新的统计口径之后，有所增加，一直维持在0.5%~0.9%。但可支配收入的增长仍主要依靠工资性收入。值得注意的是，在2017年和2018年，财产性收入对总收入的增长贡献率不再是最低的，超过了经营净收入的贡献率。我国城镇居民各分项收入对总收入增长的贡献率见表2-4。

表2-4　我国城镇居民各分项收入对总收入增长的贡献率

单位：%

年份	工资性收入	经营净收入	财产性收入	转移净收入
1990	0.3	0.0	0.2	7.3
1995	0.1	0.0	0.2	4.2
2000	2.5	0.6	0.0	2.9
2005	5.2	1.7	0.3	2.8
2006	7.4	1.0	0.4	1.8

表2-4(续)

年份	工资性收入	经营净收入	财产性收入	转移净收入
2007	8.1	0.7	0.7	2.7
2008	3.1	2.9	0.1	2.2
2009	7.0	0.5	0.3	3.7
2010	4.9	0.7	0.4	2.2
2011	4.4	1.8	0.5	1.6
2012	5.5	1.1	0.1	1.8
2014	2.0	0.6	0.5	1.1
2015	3.9	0.7	0.7	1.6
2016	3.0	0.7	0.5	1.5
2017	3.5	0.7	0.8	1.5
2018	3.0	0.8	0.9	0.9

数据来源：根据国家统计局官网相关数据计算而得。

注：由于2013年国家统计局调整了统计口径，该年与上年数据不可比，因此表中略去了2013年数据。

二、财产性收入的内部构成

我国居民财产性收入主要包括利息收入、股利收入、保险收益（不包括保险责任人对保险人给予的保险理赔收入）、其他投资收入、出租房屋收入、知识产权收入以及其他财产性收入。依据反映财产性收入的分项数据的可获得性，2005—2010年的数据主要参考《中国城市（镇）生活与价格年鉴》公布的财产性收入数据，由于此年鉴于2012年停止更新，从2011年起使用西南财经大学中国家庭金融调查与研究中心的中国家庭金融调查（China household finance survey，CHFS）数据，在后文中用到CHFS的数据，也是此类情况，不再赘述。我们从2005年开始计算各项收入的占比，我国城镇居民财产性收入构成见表2-5。

表 2-5　我国城镇居民财产性收入构成

单位：%

2005—2010 年城镇居民财产性收入构成							
年份	合计	利息	股利	保险	其他投资	房租	知识产权	其他
2005	100.00	10.64	18.60	1.53	9.41	58.18	0.08	1.56
2006	100.00	10.73	22.92	1.86	10.47	51.81	0.35	1.86
2007	100.00	10.91	27.60	1.70	12.10	44.68	0.31	2.70
2008	100.00	11.29	19.51	1.71	11.00	52.65	0.04	3.80
2009	100.00	14.02	17.70	1.28	12.44	51.40	0.06	3.10
2010	100.00	12.62	16.92	0.93	12.60	52.90	0.13	3.90

2011—2017 年城镇居民财产性收入构成							
年份	合计	利息	股利	理财	保险	土地与房产	知识产权	其他资产
2011	100.00	3.40	2.30	0.40	0.10	92.20	0.20	1.40
2013	100.00	4.40	1.40	1.70	0.60	89.10	0.20	2.60
2015	100.00	2.60	11.60	0.90	0.20	83.20	0.00	1.50
2017	100.00	1.30	1.70	7.30	0.00	87.30	0.00	2.40

数据来源：根据 2005—2010 年《中国城市（镇）生活与价格年鉴》、2011—2017 年的 CHFS 数据计算而得。

（一）房租是最主要的财产性收入来源

2005—2010 年，在我国居民财产性收入中，金融性资产所带来的收入（包括利息、股利、保险）占比要低于非金融性资产带来的财产性收入。房产所产生的租金收入占到全部财产性收入的一半以上。在 2011—2017 年的数据中，土地与房产收入占比达 80% 以上，虽然表 2-5 中的数据存在一定的口径不一致的问题，但可以肯定的是，两组数据均显示房产收入仍是我国居民最主要的财产性收入来源，而金融性资产的收入波动较大，占比还较低。

（二）利息和股利是金融性资产收入的重要来源，但股利占比波动大

在 2010 年之前，利息收入占比在 10%～14%，股利占比在 20% 左右，保险占比低于 2%。来自资本市场的股利占到了所有金融性资产收入的一半以上，也是仅次于房租的第二大收入来源，是存款利息的两倍。当然，这可能与我们所采用的样本区间有关，因为股市的波动会显著影响股利收入，不过我国股市在 2005—2008 年经历了一个"牛熊周期"，大致反映了股市在不同阶段可能给财产性收入带来的影响。

2011—2017 年的 CHFS 数据显示，利息收入占比低于 5%，但理财收入从 2011 年的 0.36% 上升到 2017 年的 7.3%，这也从侧面反映出我国居民的资金从储蓄到理财产品"搬家"的现象。而股利收入占比除了在 2015 年达到 11.6%，其他年份均低于 3%。这一方面是因为房产的绝对数值上升使其他资产的收入占比相对缩小；另一方面也与我国股市的高波动相关。

（三）资本收益占绝对，知识收益最低

从以上可知，房租、利息和股利是我国家庭最重要的三项财产性收入来源，之后是其他投资收入，主要来自对各种收藏品的投资，如艺术品、邮票和古董等，这种投资收入的占比近年来也显示出逐年升高的态势，充分说明我国居民财产的投资性需求和能力日渐增强。而知识产权所产生的收入则最低，不到 0.5%。

三、我国居民财产性收入的差异化

（一）财产性收入的分布越来越集中于高收入家庭

依据国家统计局的分组方法，我们将我国城镇居民按收入分成 8 组，可以更清楚地看到财产性收入在不同家庭间分布的差异。由于篇幅和样本可获得性的限制，此处只列出了 2005 年、2008 年和 2011 年、

2013 年、2015 年、2017 年两个区间年份的情况①。我国城镇居民的财产性收入分布见表 2-6。

表 2-6　我国城镇居民的财产性收入分布

单位：%

年份	项目	合计	最低收入户	困难户	低收入户	中等偏下收入户	中等收入户	中等偏上收入户	高收入户	最高收入户
		100.0	10.0	5.0	10.0	20.0	20.0	20.0	10.0	10.0
2005	财产性收入	100.0	1.8	0.7	3.0	8.9	11.4	17.1	15.1	42.0
	①利息收入	100.0	1.4	0.6	1.9	6.8	14.8	24.0	17.1	33.4
	②股利收入	100.0	1.0	0.0	1.1	7.3	8.6	17.6	17.3	47.1
	③保险收益	100.0	1.9	1.8	0.5	6.5	12.1	18.0	12.2	47.0
	④其他投资	100.0	0.7	0.3	1.3	3.1	6.1	3.9	12.3	72.3
	⑤房租收入	100.0	2.3	0.9	4.2	11.0	12.4	17.7	15.4	37.0
	⑥知识产权	100.0	0.9	0.4	0.0	8.1	27.7	30.5	11.4	21.0
	⑦其他投资	100.0	2.3	0.5	1.9	6.7	19.9	21.3	14.1	33.8
2008	财产性收入	100.0	1.6	0.7	2.2	7.4	10.9	17.0	16.0	44.2
	①利息收入	100.0	1.5	0.3	2.4	7.8	11.5	22.2	19.2	35.1
	②股利收入	100.0	1.0	0.3	0.8	5.5	8.9	16.4	16.1	51.0
	③保险收益	100.0	2.2	0.4	2.8	8.5	9.2	22.3	21.4	33.2
	④其他投资	100.0	0.2	0.1	0.7	2.1	3.9	8.4	6.6	78.0
	⑤房租收入	100.0	2.1	1.1	2.9	8.8	13.2	19.4	17.3	36.1
	⑥知识产权	100.0	0.7	0.7	3.3	1.3	18.9	16.8	3.0	55.3
	⑦其他投资	100.0	2.3	0.9	3.2	10.1	8.8	12.6	9.0	53.1

---

①　CHFS 数据中仅在 2011 年报告了保险收益数据，因此其他年份保险收益数据空缺。

表2-6（续）

年份	项目	合计	最低收入户	困难户	低收入户	中等偏下收入户	中等收入户	中等偏上收入户	高收入户	最高收入户
		100.0	10.0	5.0	10.0	20.0	20.0	20.0	10.0	10.0
2011	财产性收入	100.0	5.4	4.0	3.7	5.3	13.0	13.9	16.7	38.0
	①利息收入	100.0	3.0	1.8	2.5	4.8	12.5	18.3	17.8	39.3
	②股利收入	100.0	0.0	0.0	0.7	-4.0	-1.8	5.6	4.3	95.1
	③保险收益	100.0	—	—	—	—	—	—	—	—
	④其他金融资产收入	100.0	0.0	0.0	0.0	0.0	8.0	6.9	18.5	66.6
	⑤土地房产收入	100.0	5.7	4.2	3.9	5.6	13.5	18.5	17.1	35.7
	⑥知识产权	100.0	—	—	—	—	—	—	—	—
	⑦其他投资	100.0	0.1	0.0	0.0	0.8	4.5	0.7	2.5	91.4
2013	财产性收入	100.0	6.4	4.2	4.4	12.7	15.1	19.1	13.8	28.4
	①利息收入	100.0	2.1	1.3	2.4	6.8	11.5	21.7	18.0	37.4
	②股利收入	100.0	-2.2	-0.9	-8.2	-15.1	-23.5	5.5	2.9	140.6
	③保险收益	100.0	—	—	—	—	—	—	—	—
	④其他金融资产收入	100.0	0.5	0.4	0.3	1.1	-0.3	11.5	11.2	75.7
	⑤土地房产收入	100.0	7.1	4.6	4.9	14.1	16.5	19.8	14.2	23.4
	⑥知识产权	100.0	—	—	—	—	—	—	—	—
	⑦其他投资	100.0	0.7	0.2	0.1	0.2	4.3	3.7	3.3	87.6
2015	财产性收入	100.0	3.2	1.6	2.6	8.6	10.0	17.7	10.2	47.7
	①利息收入	100.0	1.0	0.4	2.5	6.5	12.1	23.0	19.8	35.0
	②股利收入	100.0	0.0	0.0	-0.1	-0.1	0.8	2.3	5.6	91.5
	③保险收益	100.0	—	—	—	—	—	—	—	—
	④其他金融资产收入	100.0	0.2	0.0	0.0	0.1	0.0	2.1	2.3	95.3
	⑤土地房产收入	100.0	3.8	1.9	3.1	10.2	11.5	20.1	10.8	40.6
	⑥知识产权	100.0	8.3	0.0	8.3	8.3	0.0	16.7	8.3	50.0
	⑦其他投资	100.0	0.1	0.6	0.0	0.3	0.6	2.1	3.1	93.8

表2-6(续)

年份	项目	合计	最低收入户	困难户	低收入户	中等偏下收入户	中等收入户	中等偏上收入户	高收入户	最高收入户
		100.0	10.0	5.0	10.0	20.0	20.0	20.0	10.0	10.0
2017	财产性收入	100.0	2.1	1.1	2.2	6.7	11.0	17.6	19.8	40.5
	①利息收入	100.0	1.2	0.5	1.8	6.1	12.2	24.7	20.7	33.4
	②股利收入	100.0	0.5	0.5	-2.7	-4.2	-3.2	-2.0	6.4	105.2
	③保险收益	100.0	—	—	—	—	—	—	—	—
	④其他金融资产收入	100.0	0.1	0.0	0.1	0.2	0.9	2.6	75.6	20.6
	⑤土地房产收入	100.0	2.4	1.2	2.5	7.6	12.3	19.5	15.8	39.8
	⑥知识产权	100.0	—	—	—	—	—	45.4	0.9	53.7
	⑦其他投资	100.0	0.8	0.8	0.1	0.5	2.2	2.1	4.5	89.0

数据来源：根据《中国城市（镇）生活与价格年鉴》2005—2010年各期、CHFS 2011—2017年数据计算而得。

注：其中最低收入户的10%样本包括了困难户（5%）。

　　将上述收入分布绘制成类似刻画基尼系数的劳伦茨曲线，即横轴是家庭的收入分布，纵轴是家庭财产性收入的累计占比，就可以更好地看出我国居民家庭财产性收入分配不均衡的特征，曲线低于从原点出发的45度对角线则存在着分配向高收入家庭集中的特征，曲线越凹向横轴，则分配越不均衡，高收入家庭占比的比例就越高。从图2-1中可以看出，我国居民家庭财产性收入确实存在着向高收入家庭集中的特征，其中房租收入作为最重要的收入来源，有着明显的分配不均衡特征，而其他投资收入（如投资艺术品等）、股利收入的分配不均衡程度则进一步扩大了分配不均衡[①]。2017年，股利收入带来的贡献只有收入前20%的家庭为正，其余均为负，可以被当作收入分配不均衡的典型现象。我国居民

①　2005年也呈现了类似的特征。

家庭财产性收入的累计分布见图 2-1。

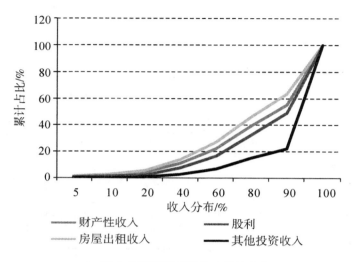

A. 2008 年家庭财产性收入累计分布

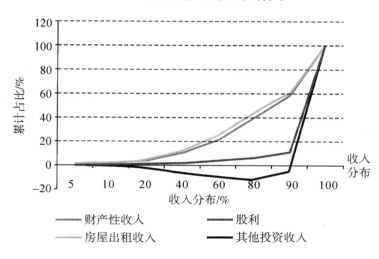

B. 2017 年家庭财产性收入累计分布

图 2-1　我国居民家庭财产性收入的累计分布

数据来源：根据《中国城市（镇）生活与价格年鉴（2008）》、CHFS 2017 年数据计算而得。

（二）不同家庭财产性收入构成大致相似

上一节比较了每一类财产性收入在不同收入家庭的分布，这一小节我们比较不同收入组别的家庭，其所持有的各类财产性收入的构成是否有显著差异。我们将结果列示在表 2-7 中，即我国不同收入城镇居民的财产性收入构成。

表 2-7　我国不同收入城镇居民的财产性收入构成

单位:%

年份	项目	合计	最低收入户	困难户	低收入户	中等偏下收入户	中等收入户	中等偏上收入户	高收入户	最高收入户
		100.0	10.0	5.0	10.0	20.0	20.0	20.0	10.0	10.0
2005	财产性收入	100.0	100.0	100.0	100.0	100.0	100.0	100.0	100.0	100.0
	①利息收入	11.3	10.1	5.4	12.4	12.0	11.8	14.1	13.8	8.9
	②股利收入	19.5	11.6	7.9	7.5	14.8	16.0	18.2	20.1	22.6
	③保险收益	1.7	2.3	0.9	2.2	2.0	1.4	2.1	2.3	1.3
	④其他投资	11.0	1.5	1.2	3.7	3.2	4.0	5.3	4.6	19.7
	⑤房租收入	52.7	69.1	79.6	68.6	62.8	63.6	57.5	56.9	42.8
	⑥知识产权	0.0	0.0	0.0	0.1	0.0	0.1	0.0	0.0	0.1
	⑦其他投资	3.8	5.4	5.0	5.5	5.2	3.1	2.8	2.3	4.6
2008	财产性收入	100.0	100.0	100.0	100.0	100.0	100.0	100.0	100.0	100.0
	①利息收入	10.6	8.2	9.1	6.8	8.0	13.7	14.9	12.0	8.5
	②股利收入	18.6	10.3	1.0	6.8	15.2	14.1	19.2	20.7	20.9
	③保险收益	1.5	1.6	4.2	0.3	1.1	1.6	1.6	1.2	1.8
	④其他投资	9.4	3.8	4.6	4.3	3.3	5.1	2.2	7.5	16.4
	⑤房租收入	58.2	74.1	80.0	80.9	71.1	62.6	60.1	57.1	51.1
	⑥知识产权	0.1	0.0	0.0	0.0	0.1	0.2	0.1	0.0	0.0
	⑦其他投资	1.6	2.0	1.2	1.0	1.2	2.7	1.9	1.4	1.3

表2-7（续）

年份	项目	合计	最低收入户	困难户	低收入户	中等偏下收入户	中等收入户	中等偏上收入户	高收入户	最高收入户
		100.0	10.0	5.0	10.0	20.0	20.0	20.0	10.0	10.0
2011	财产性收入	100.0	100.0	100.0	100.0	100.0	100.0	100.0	100.0	100.0
	①利息收入	3.4	1.9	1.5	2.3	3.1	3.3	3.5	4.0	3.5
	②股利收入	2.3	0.0	0.0	0.5	-1.8	-0.3	0.7	0.6	5.8
	③保险收益	—	—	—	—	—	—	—	—	—
	④其他金融资产收入	0.4	0.0	0.0	0.0	0.0	0.2	0.1	0.4	0.6
	⑤土地房产收入	92.5	98.1	98.5	97.3	98.5	96.3	95.6	94.8	86.6
	⑥知识产权	0.4	—	—	—	—	—	—	—	—
	⑦其他投资	1.4	0.0	0.0	0.0	0.2	0.5	0.1	0.2	3.4
2013	财产性收入	100.0	100.0	100.0	100.0	100.0	100.0	100.0	100.0	100.0
	①利息收入	4.5	1.5	1.3	2.5	2.4	3.4	5.1	5.8	5.9
	②股利收入	1.4	-0.5	-0.3	-2.6	-1.7	-2.2	0.4	0.3	7.1
	③保险收益	0.0	—	—	—	—	—	—	—	—
	④其他金融资产收入	1.8	0.1	0.2	0.1	0.2	0.0	1.1	1.4	4.7
	⑤土地房产收入	89.5	98.6	98.7	100.0	99.1	98.0	92.9	91.8	73.6
	⑥知识产权	0.1	—	—	—	—	—	—	—	—
	⑦其他投资	2.9	0.3	0.1	0.1	0.1	0.8	0.6	0.7	8.8
2015	财产性收入	100.0	100.0	100.0	100.0	100.0	100.0	100.0	100.0	100.0
	①利息收入	2.6	0.8	0.7	2.5	1.9	3.1	3.3	5.0	1.9
	②股利收入	11.6	-0.1	0.0	-0.2	-0.1	1.0	1.5	6.4	22.4
	③保险收益	0.2	—	—	—	—	—	—	—	—
	④其他金融资产收入	0.9	0.1	0.0	0.0	0.0	0.0	0.1	0.2	1.9
	⑤土地房产收入	83.2	99.1	99.2	97.8	98.1	95.8	94.9	88.0	71.1
	⑥知识产权	0.0	0.1	0.0	0.1	0.0	0.0	0.0	0.0	0.0
	⑦其他投资	1.4	0.0	0.6	0.0	0.1	0.1	0.2	0.4	2.8

表2-7(续)

年份	项目	合计	最低收入户	困难户	低收入户	中等偏下收入户	中等收入户	中等偏上收入户	高收入户	最高收入户
		100.0	10.0	5.0	10.0	20.0	20.0	20.0	10.0	10.0
2017	财产性收入	100.0	100.0	100.0	100.0	100.0	100.0	100.0	100.0	100.0
	①利息收入	1.3	0.8	0.7	1.1	1.2	1.5	1.9	1.4	1.1
	②股利收入	1.7	0.4	0.7	-2.2	-1.1	-0.5	-0.3	0.6	4.5
	③保险收益	0.0	—	—	—	—	—	—	—	—
	④其他金融资产收入	7.3	0.2	0.2	0.3	0.2	0.6	1.1	27.9	3.7
	⑤土地房产收入	87.3	97.8	96.8	100.6	99.5	98.0	96.9	69.6	85.8
	⑥知识产权	0.0	0.0	0.0	0.0	0.0	0.0	0.0	0.0	0.0
	⑦其他投资	2.4	0.8	1.6	0.2	0.2	0.4	0.4	0.5	4.9

数据来源：根据《中国城市（镇）生活与价格年鉴》2005—2010年各期、CHFS 2011—2017年数据计算而得。

注：其中最低收入户的10%样本包括了困难户（5%）。

从表2-7可以看到，两组数据呈现相同的特征。虽然不同收入的家庭在财产性收入分配上非常不均衡，但对于每组家庭来讲，其内部的各项构成比大致相当：房租收入是所有家庭的财产性收入中最重要的来源，之后是股利、利息。但稍有区别的是房租收入占比随着家庭收入增加而下降，股利收入占比随家庭收入增加而上升；其他投资收入也有一定差别，最高收入层级的家庭占比高于最低收入层级的家庭。这说明，随着家庭收入的增加，其投资品种的多样性也更加丰富。

第二节　我国家庭资产配置的演变路径与特征分析

一、金融资产相对于非金融资产特征

　　如我们前文所定义，家庭资产可以分为金融资产和非金融资产两大类，而非金融资产可以大致分为房产、生产性固定资产、耐用消费品及其他资产（如保值类资产等）。由于我国官方的居民资产定期调研数据的缺乏，限于数据的可获得性，目前基于家庭财产调研比较权威的数据有三类：一是早期的中国社会科学院经济研究所收入分配课题组 1995 年和 2002 年的全国住户抽样调查数据 [以下简称"CHIP（1995，2002）"]；二是较新的清华大学经济管理学院中国金融研究中心 2008 年的全国居民消费金融抽样调查数据 [以下简称"清华（2008）"]；三是最新的西南财经大学中国家庭金融调查与研究中心 2011—2017 年的中国家庭金融抽样调查数据 [以下简称"CHFS（2011—2017）"]。这三类数据恰好可以从较长时期大跨度地对我国家庭财产配置进行对比分析[1]。

　　与李实（2005）类似，由于住户借债已经成为普遍现象，根据总财产来判定住户的财产实际占有和住户之间的财产分布并不恰当，因而我们选用净财产来反映家庭的财产实际占有状况。考虑到我们分析的样本时间跨度较大，各年数据依据城镇 CPI 指数进行调整，都以 2002 年的价格进行对比分析[2]。我国城镇家庭资产配置结构见表 2-8。

---

　　① 由于 2008 年的数据仅是基于全国城镇家庭的调研，同时考虑到我国农村家庭普遍金融资产配置较低，此处我们将仅对城镇家庭资产配置进行分析。

　　② 此处使用城镇消费价格指数来换算成 2002 年的价格。这种做法会造成一定误差，但是在缺少实物性财产（如房产、耐久消费品等）的价格指数情况下，该方法也是一种可以接受的选择。

表 2-8　我国城镇家庭资产配置结构

各项资产	均值和占比	1995 年	2002 年	2008 年	2011 年	2013 年	2015 年	2017 年
总资产净值	均值/元	73 815.6	300 861.3	441 647.3	408 682.5	456 417.3	362 449.6	688 626.9
	占比/%	100.0	100.0	100.0	100.0	100.0	100.0	100.0
金融资产	均值/元	12 596.2	39 215.2	122 158.6	37 535.1	38 913.2	62 201.8	57 141.2
	占比/%	17.1	13.0	27.7	9.2	8.5	17.2	8.3
净房产	均值/元	49 685.9	246 586.6	274 532.7	350 006.5	399 027.5	269 156.1	578 060.9
	占比/%	67.3	82.0	62.2	85.6	87.4	74.3	83.9
生产性固定资产价值	均值/元	514.2	2 540.1	7 461.2	6 206.6	1 557.8	2 898.5	9 373.5
	占比/%	0.7	0.8	1.7	1.5	0.3	0.8	1.4
耐用消费品价值	均值/元	10 037.2	10 615.9	29 126.7	7 477.5	9 756.5	17 014.3	31 595.9
	占比/%	13.6	3.5	6.6	1.8	2.1	4.7	4.6
其他资产的估计现值	均值/元	1 878.9	1 903.5	9 302.1	7 456.7	7 162.3	11 178.9	12 455.4
	占比/%	2.5	0.6	2.1	1.8	1.6	3.1	1.8

数据来源：根据 CHIP（1995，2002）、清华（2008）、CHFS（2011—2017）计算而得。

表 2-8 列出了我国家庭在各类资产中的配置均值和占比，其中均值均为 2002 年价格。虽然考虑到中国社会科学院经济研究所的数据和清华大学经济管理学院中国金融研究中心的数据可能在资产价值的计算方法上有所差异，但是其差异也主要体现在房产价值的估计上，并且主要

在 1995 年的数据①。2002 年和 2008 年的房产价值均以市值进行计算。
净房产价值均为家庭房产价值均值减去房产抵押贷款均值的差额。在
CHFS（2011—2017）中净房产包括住房性资产、商铺资产和土地资产，
但在调查问卷中并未有关于其余资产的相关问题。由于 CHIP（1995，
2002）、清华（2008）和 CHFS（2011—2017）调研数据的样本及变量
定义方式存在一定差异，尤其是从 1995—2017 年我国商业房地产市场
经历了从零起步到高速发展的转变，其中对于房产价值的估计可能会造
成数据的纵向比较存在一定偏差，此处我们重在分析每一年家庭资产构
成的结构性特征的变化。所幸的是，样本和房产价值估计方法的不同，
对这种横向结构定性特征的比较影响并不大。

从表 2-8 中可以看出，我国家庭资产配置在长期中表现出以下几点
特征：

（一）房地产始终为家庭最重要资产

不论是哪一年，我国家庭房产净值都是家庭财产中最重要的一类，
占比均在 60% 以上。之后才是其他非金融资产，分别为家庭耐用消费品
和自有生产性固定资产，而其余非金融资产占比最低。

由于在 1995 年我国还未完全开始进行住房货币化和市场化改革，
我国家庭房产净值被低估，这也是 1995—2002 年房产净值占比大幅提

---

① CHIP（1995）对于房产市场价值的计算采用如下方法：对租赁私有住房的
住户来说，房产市场价值为零；对于公房住户来说，根据该住户对房产市场租金的
估计价值，以 2011 年的市场租金总和作为其房产的价值。考虑到目前该家庭所支
付的低租金大多只够房管部门的修缮费用，故该家庭所支付的低租金未在房产市场
价值估计中扣除。对于私有房产，则以其估计的自有房产的市场价格作为房产价
值。由于我国在 1995 年刚开始启动住房货币化改革，还没有比较完善的房地产市
场（销售和租赁）价格，因此 1995 年和 2002 年的房产价值绝对额的数据可能不具
有纵向比较性。另外，由于 CHIP（1995）和清华（2008）调研数据的采集样本不
一致，房产价值在纵向上有可能不具有可比性。

高的主要原因之一。现阶段，由于房产既是消费品，又是投资品，在我国，目前房地产已超过股票和债券，成为第一大投资品种。而且，受我国长期以来地少人多环境下的传统观念影响，我国居民较倾向于把房产作为私人的主要财产，如我国住宅的自有率达到 80%，而美国在1900—1995 年的这些年里，住房自有率也才从 45%上升到 65%，在住房证券化等产品出现后，这一比例有所提高，但直到美国房地产泡沫最严重时期，住房自有率也未超过 70%，在泡沫开始破灭的 2008 年，又下降至 65%左右。我国现阶段中高收入阶层对房地产的巨大投资需求，进一步推高了房价，尤其是在中心城市或人口密集地区。这些因素均导致房产成为我国家庭最重要的资产。

（二）金融资产占比波动大

金融资产在家庭总财产中占比从 1995 年的 17.1%上升到 2008 年的27.7%，但是在 2011 年、2013 年和 2017 年却降低到 10%以下。这一方面与我国证券、保险等金融市场在 20 世纪 90 年代以后的发展、家庭总财富的提高以及投资意识的增强密切相关；另一方面也体现出我国居民金融资产的持有率及金融资产价值随市场的高波动性也表现出较大的波动性。在资本市场较为火热的时候，我国家庭金融资产配置比重相对较高，但在市场冷淡期，比重则会出现相应下降。这也从侧面反映了我国金融市场尤其是普通投资者金融投资集中在股市，而对其他收益波动相对较小的债券市场和保险市场的配置比重还不够高。

二、我国家庭金融资产配置的演变路径

随着我国经济和金融结构的发展和变化，我国家庭金融资产结构经过几十年的变化也呈现出日益多元化的趋势，但由于我国资本市场在20 世纪 90 年代初期才建立，我们将重点分析 1992 年以来我国家庭金融资产配置的演变趋势。

我国家庭的金融资产主要包括现金、银行存款、股票、债券、保险准备金。其中保险准备金由人寿保险准备金、养老基金的净权益、保险费预付款和未索赔准备金组成。由于我国缺乏基于家庭资产调查的微观数据，因此选用了全国家庭部门[①]的金融资产配置的总量数据进行分析，这对于长期的趋势分析仍不乏为较好的替代。

（一）存量金融资产配置演变路径

金融资产配置通常指在某一个时点对各项金融资产存量的水平和结构的分析，这是分析我国家庭金融资产配置的一个起点。表2-9列出了2004—2017年我国家庭金融资产存量配置的详细结构比。

表2-9　2004—2017年我国家庭金融资产存量配置的详细结构比

单位:%

年份	本币通货	存款	债券	股票	证券投资基金份额	证券客户保证金	保险技术准备金	其他
2004	9.9	71.8	3.5	4.9	1.1	0.7	7.8	0.3
2005	9.5	72.0	3.1	3.8	1.2	0.7	8.8	0.9
2006	8.9	68.3	2.8	6.8	2.2	1.2	9.0	0.8
2007	7.5	54.2	2.0	15.4	8.9	3.0	8.0	1.0
2008	8.3	66.6	1.5	5.9	5.0	1.4	11.0	0.3
2009	7.8	65.4	0.6	11.5	2.0	1.4	11.3	0.0
2010	7.6	63.8	0.5	11.4	1.5	0.9	10.6	3.7
2011	7.5	63.9	0.3	10.5	1.4	0.5	10.4	5.5
2012	6.9	63.4	0.7	9.3	1.7	0.3	10.9	6.8
2013	6.5	63.2	1.1	8.2	1.5	0.3	11.3	7.9

————————

① 家庭部门在经济学语言中是相对于企业和政府部门而言的。

表2-9(续)

年份	本币通货	存款	债券	股票	证券投资基金份额	证券客户保证金	保险技术准备金	其他
2014	5.9	61.9	1.2	7.6	1.8	0.5	11.7	9.4
2015	5.4	58.9	1.5	6.9	2.5	0.9	11.7	12.2
2016	5.2	57.9	1.7	6.2	2.6	0.6	12.0	13.8
2017	4.9	56.2	1.6	5.9	2.9	0.4	12.5	15.6

数据来源：根据中国人民银行发布的《中国金融稳定报告（2012）》和2013—2019年的《中国统计年鉴》相关数据计算而得。

注：其他中包含代客理财资金、资金信托计划收益等项目。由于中国人民银行自2013年不再公布家庭部门的金融资产结构数据，上表中2011—2017年的数据依据2010年的存量数据与统计年鉴中家庭部门现金流量数据计算得出。

　　我们将其绘制于图2-2中，则可以更清楚地看出我国家庭金融资产存量的配置结构。我国家庭金融资产存量的配置结构见图2-2。

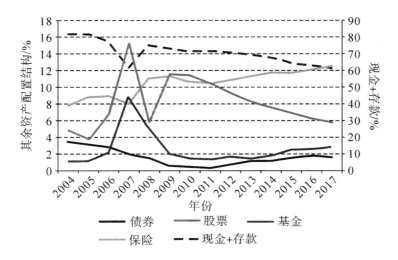

图2-2　我国家庭金融资产存量的配置结构

数据来源：根据中国人民银行、国家统计局官网相关数据计算而得。

我国家庭金融资产存量配置的演变存在以下几点规律：

第一，现金和储蓄存款占比下降，但仍是占比最高的金融资产。我国居民所持现金和储蓄存款在总金融资产中的比重虽有波动，但总体呈逐年下降趋势，占比从 2004 年的 81.7%下降到 2017 年的 61.1%，降幅约 21%，仍然是占比最高的金融资产。当然这一比例的下降有部分原因来自近十年影子银行①的高速发展。由于国家统计局的资金流量表并未公布家庭部门所持有理财产品、信托受益权等资产的流量数据，中国人民银行仅在《中国金融稳定报告（2012）》中公布过我国家庭部门所持有的理财资产占金融资产比为 3%。依据 Wind 数据库中公布的我国个人客户所持有的理财产品存量数据（2013—2017 年）可知，在 2013 年为 6.57 万亿元，占总金融资产比例约为 8%；而在 2017 年为 14.6 万亿元，占总金融资产比例增加至 12%；这一新的特征主要体现在表 2-9 中的"其他"项中。考虑到我国理财产品在事实中的兑付刚性，个人投资者往往将理财当作"类储蓄"。将理财也考虑进来后，我国居民的现金和储蓄（包括理财）占比在 2017 年达到 73%，相比 2004 年降幅减少到 10%。

第二，保险金融资产占比近年来迅速提高，成为我国居民当前第二大类金融资产。随着我国国有企业改革在 20 世纪 90 年代末期的深化，1999 年中国共产党第十五届五中全会确定的"'十五'期间我国社会保障制度要取得突破性进展"目标的确立，我国居民金融资产中保险占比开始迅速提高，从 2004 年的 7.8%快速增长到 2017 年的 12.5%。

第三，股票占比波动较大，间接持股比例小幅增加。我国金融资产在股票上的配置比例的大波动与我国股市的高波动性相关，若考虑到证

① 按照金融稳定理事会的定义，影子银行是指游离于银行监管体系之外、可能引发系统性风险和监管套利等问题的信用中介体系（包括各类相关机构和业务活动）。

券投资基金中有相当一部分是股票，我国居民直接和间接持有股票的比例 2004—2017 年平均为 10%，仅稍低于保险的配置比例。但波动性较大，在股市行情好的年份（如 2007 年），持有股票和基金占总金融资产比例高达 24%，2017 年占比仅为 8%。值得注意的是，居民直接持有股票占总金融资产的比例自 2011 年后逐步下降，而通过基金持有股票占总金融资产比例则是从 2011 年的 1.4% 逐步增加到 2017 年的 2.9%。

第四，债券配置比例最低。我国家庭部门持有债券占总金融资产的比例总体偏低，从 2004 年的 3.5% 降至 2011 年的 0.3% 后开始有小幅回升，但在 2017 年，仅占总金融资产的 1.6%。我国居民持有债券比例偏低，侧面反映了我国债券市场存在一定程度的分割，并且是以机构投资者为主的局面。

（二）流量金融资产配置演变路径

以上是对我国居民金融资产存量数据的结构分析，若以我国居民每年金融资产配置的流量数据进行结构分析，还可以清晰地看到每年居民的动态金融资产配置结构。我国居民金融资产动态选择结构见表 2-10。

表 2-10　我国居民金融资产动态选择结构

单位:%

年度	现金	存款	债券	股票	保险	其他
1992	19.3	60.6	15.1	3.9	1.1	——
1993	22.4	66.6	5.9	3.9	1.2	——
1994	13.7	79.4	5.6	0.5	0.8	——
1995	5.0	87.1	6.6	0.3	1.0	——
1996	7.0	77.5	11.5	2.8	1.2	——
1997	10.9	67.0	11.9	7.7	2.5	——
1998	6.8	73.6	11.2	6.0	2.4	——

表2-10（续）

年度	现金	存款	债券	股票	保险	其他
1999	15.3	59.6	13.2	7.2	4.7	—
2000	9.0	59.7	6.3	13.8	11.2	—
2001	6.3	71.7	5.5	8.2	8.3	—
2002	6.7	72.6	4.5	3.2	13.0	—
2003	8.9	72.2	2.7	3.0	13.2	—
2004	6.8	74.2	−1.0	3.4	16.6	—
2005	7.7	76.1	0.9	0.1	15.2	—
2006	8.6	72.8	1.4	2.3	14.9	—
2007	12.9	48.9	−1.1	10.1	29.2	—
2008	5.6	77.3	−1.0	4.7	13.4	—
2009	5.6	73.8	1.3	5.1	14.2	—
2010	8.8	71.7	0.2	10.3	9.0	—
2011	7.5	63.9	0.3	10.5	10.6	7.2
2012	6.9	63.4	0.7	9.3	11.1	8.6
2013	6.5	63.2	1.1	8.2	11.5	9.5
2014	5.9	61.9	1.2	7.6	11.8	11.6
2015	5.4	58.9	1.5	6.9	11.8	15.5
2016	5.2	57.9	1.7	6.2	12.1	16.9
2017	4.9	56.2	1.6	5.9	12.5	18.9

数据来源：根据 CEIC[①] 相关数据计算而得。

注：本表数字以我国居民每年对各项金融资产的净买卖之流量数据计算，以反映当年的资产选择结构。

———————————

① CEIC 即香港环亚经济数据有限公司，成立于 1992 年，2005 年被 ISI 新兴市场公司 ISI Emerging Markets 收购。CEIC 在金融信息服务业有着 12 年丰富的经验，使用者包括知名经济学家，经济、券商分析师，基金经理以及专业研究人员。CEIC 的网络用语包括"环亚经济数据有限公司""中国经济数据库""亚洲经济数据库""环亚经济数据库"等，本书主要指"中国经济数据库"。

从表 2-10 中可以看出我国居民金融资产动态配置主要具有以下几个特征：

第一，现金和存款一直是我国居民金融资产配置的首选。即使考虑到我国 20 世纪 90 年代之前几乎很少有债权和股权类金融产品导致的现金和储蓄存款存量占比较高，在其后的 20 年中，每年居民的现金和存款动态配置仍然是我国居民的首选金融资产。

第二，对于风险性资产的配置，表现出与该项资产收益的正相关性，这一点在股票中表现得最为突出。图 2-3 显示了我国股市表现与居民股票配置占比，两者呈现出高度的相关性。值得注意的是，并非居民股票配置占比提高，市场变好；另外，居民股票配置还具有一定的滞后性（在 2000 年以后更为明显）。这表明我国居民整体上会依据股票的前期收益高低决定在股票上的资产配置比例。值得注意的是，自 2012 年以后，股票占比一直持续下降，与股市表现已经不再相关。

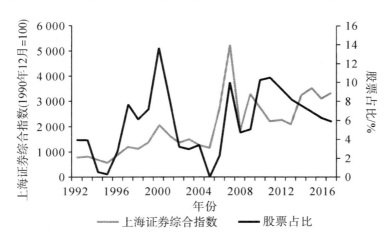

图 2-3 我国股市表现与居民股票配置占比

数据来源：根据 CEIC 相关数据计算而得。

第三，居民在股票资产上配置比例的高低会明显地影响存款占比的相应变化。这一点可以从我国家庭金融资产流量配置结构（见图2-4）中清晰地看到，也印证了近年来，在股市表现较好的时期常出现的"储蓄大搬家"现象。

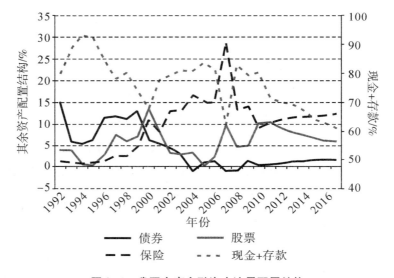

图2-4　我国家庭金融资产流量配置结构

数据来源：根据 CEIC 相关数据计算而得。

三、金融资产内部选择特征

本节进一步分析家庭在金融资产内部如何进行选择，这关系到家庭对具有不同风险收益特征的金融产品的偏好。由于家庭对不同金融产品的选择与不同金融子市场之间的互动关系，对于家庭金融资产内部选择特征的分析还有助于我们把握金融市场发展的脉络。总的来说，我国家庭金融资产选择呈现出储蓄主导下的多元化特征和差异化特征。

（一）储蓄主导下的多元化金融资产选择

从对我国家庭金融资产估算的结果来看（见表2-8和表2-9），不论是家庭金融资产的存量还是流量配置数据，储蓄都是家庭金融资产中配置比例最高的一类，2014 年之前均达到 60%，此比例在近几年有所下降，但储蓄仍占据绝对主导地位。考虑到居民将储蓄一部分转化为以理财、信托收益计划等形式持有，下降比例并不明显。

从变动情况可以概括为储蓄主导下的多元化发展：手持现金比例持续下降；股票、国债、保险、理财等从无到有，保险资产比例稳定上升，而股票和债券比例波动较大，尤其是股票，其当年的动态配置比例与股市的表现高度相关。

（二）风险性金融资产总体呈上升趋势

若我们将家庭所有的金融资产大致分为两类，其中现金、储蓄存款和债券（我国居民所持有的大部分债券均为国债）算为非风险性资产，股票和保险及其他理财产品算为风险性资产，那么，我国家庭风险性金融资产存量占比见表 2-11。

表 2-11 我国家庭风险性金融资产存量占比

单位:%

金融资产结构	2004 年	2005 年	2006 年	2007 年	2008 年	2009 年	2010 年
风险性金融资产	14.8	15.4	20.0	36.3	23.6	26.2	28.1
非风险性金融资产	85.2	84.6	80.0	63.7	76.4	73.8	71.9
金融资产结构	2011 年	2012 年	2013 年	2014 年	2015 年	2016 年	2017 年
风险性金融资产	28.3	29.0	29.2	31.0	34.2	35.1	37.3
非风险性金融资产	71.7	71.0	70.8	69.0	65.8	64.9	62.7

数据来源：根据中国人民银行官网相关数据计算而得。

从表 2-11 可以看出，我国居民所持有的风险性金融资产占比在2004 年为 14.8%，在 2007 年达到峰值 36.3%，在股市泡沫破灭后 2008 年降至 23.6%，此后呈现出缓慢上升趋势，在 2017 的最新数据中，风险性金融资产占比回升至 37.3%。正如前文所述，我国居民对风险资产的需求是现实存在的，并且与股市的表现有高度相关性。当然，2000 年后随着多层次社保体系在全国范围的实质性展开、保险准备金资产的配置以及 2011 年后非保本理财市场的大规模发展，直接带动了非风险性金融资产存量占比的提高。

（三）直接持有股票比例有所下降，但中介化程度仍较低

随着机构投资者的发展，我国家庭在选择持有股票的方式上也出现了多种选择，可以直接持有，也可以通过中介机构间接持有。表 2-12 列出了我国家庭持有股票的方式。

表 2-12　我国家庭持有股票的方式

单位:%

年份	直接持有股票	间接持有股票（基金）	持有股票（参与率）
2003	11.22	2.42	—
2005	18.00	6.50	20.00
2006	33.00	11.00	37.00
2007	25.00	18.00	30.00
2008	26.64	15.82	—
2011	9.55	4.77	12.44
2013	7.89	3.77	10.04
2015	10.08	3.54	11.79
2017	8.59	3.09	10.14

数据来源：2003 年数据来自国家统计局城调总队课题组：黄朗辉等的《家庭金融资产的分布》。2005—2007 年数据来自奥尔多投资咨询中心的"投资者行为调查"数据。2008 年数据来自清华大学经济管理学院中国金融研究中心全国家庭消费金融调查数据。2011—2017 年数据来自西南财经大学中国家庭金融调查与研究中心的中国家庭金融调查数据。

虽然各数据源可能存在统计口径不一致和样本偏差的问题，但从中仍可以看出，我国家庭直接持有股票的比例在近几年是下降的，且仍然大大高于通过中介方式持有股票的比例，这表明我国居民参与股市仍以个体直接参与为主，中介化程度还比较低。

（四）不同微观特征家庭的选择差异大

随着我国收入差距拉大，家庭背景差异的分化，我国不同类别家庭金融资产选择的行为表现出很大的差异性。由于数据的可获得性及调研方式的可比性，我们仅以清华（2008）和 CHFS（2011—2017）的调研数据为样本进行分析，它们与美国消费者金融调研方式较为接近，也利于我们就我国最新家庭金融资产配置的特征与美国进行比较。

调研数据显示，我国家庭所持金融资产主要包括：现金和活期存款、定期存款、股票、基金、国债、理财产品和其他金融资产，较全面地反映了我国家庭最新金融资产配置的情况。对调研数据的统计分析可以清楚地看出收入和财富、年龄、教育、职业以及家庭所在区域的不同所导致的金融资产配置的差异呈现出以下特征：

第一，家庭净财富、收入是影响家庭金融资产参与比例以及风险性金融资产配置比例的关键因素。其中，财富越多，收入越高，进行风险性资产选择的家庭比例越高，其在总金融资产中的占比也更多[1]。按收入和净财富分组的家庭金融资产配置结构见表 2-13。

---

[1]　值得注意的是，最高收入阶层和最高财富阶层的风险资产占比反而有所下降，这可能来自样本量偏少引起的偏误，也可能是最富裕阶层拥有其他商业性资产比例较高所致。

表 2-13　按收入和净财富分组的家庭金融资产配置结构

单位:%

A. 2008 年家庭金融资产配置结构									
家庭特征	现金和活期	定期储蓄	股票	基金	国债	保险	公积金	养老基金	其他	合计
所有家庭	29.48	32.42	9.84	3.47	1.60	7.61	7.80	1.09	6.69	100.00
年度税后总收入										
1~10 000 元	29.44	36.58	0.58	2.77	2.58	11.50	13.11	0.16	3.29	100.00
10 001~20 000 元	40.56	25.15	2.80	2.23	0.44	6.66	12.37	0.20	9.60	100.00
20 001~50 000 元	32.54	33.94	6.58	2.58	0.89	6.59	8.79	0.30	7.78	100.00
50 001~100 000 元	26.03	32.12	12.50	3.91	1.11	11.79	3.97	0.98	7.59	100.00
100 001~200 000 元	26.11	33.39	12.77	4.30	2.37	5.84	7.07	2.16	5.99	100.00
200 001~500 000 元	23.02	31.44	14.37	6.24	5.43	6.53	4.47	1.53	6.98	100.00
>500 000 元	53.28	35.77	4.60	0.72	0.42	0.44	1.51	1.66	1.60	100.00
家庭净财富										
≤0 元	28.78	39.77	0.00	0.00	0.00	8.79	8.79	0.00	13.86	100.00
1~20 000 元	83.71	5.77	2.93	0.00	0.00	2.93	0.00	0.00	4.66	100.00
20 001~50 000 元	52.32	23.04	1.46	2.27	0.38	3.78	9.12	0.00	7.63	100.00
50 001~100 000 元	41.06	26.75	3.12	2.40	0.53	5.93	10.84	0.78	8.58	100.00
100 001~500 000 元	34.60	32.78	4.99	2.38	0.87	6.55	9.15	0.52	8.15	100.00
500 001~1 000 000 元	28.61	32.51	8.91	2.94	1.31	8.27	8.74	1.16	7.55	100.00
1 000 001~3 000 000 元	23.54	35.17	14.13	4.47	2.40	6.45	7.25	1.21	5.37	100.00
>3 000 000 元	29.44	26.83	13.67	4.71	2.08	12.39	4.01	2.10	4.77	100.00

表2-13（续）

B. 2017 年家庭金融资产配置结构								
家庭特征	现金和活期	定期存款	股票	基金	债券	理财产品	其他	合计
所有家庭	41.45	26.97	9.98	3.83	1.04	15.50	1.23	100.00
年度税后总收入								
1~10 000 元	67.12	20.63	6.87	2.48	0.09	2.68	0.13	100.00
10 001~20 000 元	54.31	28.28	9.50	1.16	0.20	6.35	0.20	100.00
20 001~50 000 元	57.01	30.23	5.48	1.03	0.40	5.09	0.76	100.00
50 001~100 000 元	46.14	33.56	7.75	2.18	0.56	9.60	0.21	100.00
100 001~500 000 元	37.23	26.73	11.09	4.21	1.50	18.33	0.91	100.00
>500 000 元	37.54	17.44	11.42	6.93	0.66	21.05	4.95	100.00
家庭净财富								
≤0 元	75.69	12.31	4.50	0.90	0.000 0	6.52	0.09	100.00
1~20 000 元	93.02	5.61	0.02	0.05	0.00	1.14	0.16	100.00
20 001~50 000 元	81.34	16.48	0.37	0.31	0.00	1.28	0.23	100.00
50 001~100 000 元	70.26	24.96	1.54	0.66	0.31	2.16	0.10	100.00
100 001~500 000 元	60.37	29.70	3.14	0.81	0.42	5.28	0.29	100.00
500 001~1 000 000 元	51.25	31.57	5.56	1.78	0.32	9.12	0.41	100.00
1 000 001~3 000 000 元	38.98	31.99	8.82	3.05	0.88	15.85	0.42	100.00
>3 000 000 元	39.44	27.07	10.57	4.08	1.10	16.43	1.31	100.00

数据来源：根据清华（2008）、CHFS（2017）计算而得。

注：以上配置结构比例使用各组家庭的分项金融资产的均值与总金融资产均值之比衡量。

2008 年，在最贫穷家庭中，流动性资产（如现金和活期、定期储蓄）等更为重要，几乎不参与风险性金融资产市场。标准的金融学理论认为，越是贫穷的家庭利用金融市场进行消费平滑的倾向性越高；而目前大多数学者认为现实与理论相悖的原因主要由参与风险金融市场需要的固定成本导致。低收入家庭的公积金和养老金等参与率也普遍较低。

2017 年的数据虽然与 2008 年的数据存在一定程度的口径不一致与调研样本差异，但总体上也支持"财富越多，收入越高，风险性金融资产的参与率越高，在总金融资产中的占比也更多"这一说法。这一点在理财投资中也成立。由于 2017 年的 CHFS 数据并未公布保险配置量的数据，保险配置占金融资产的比例暂时未可知，但从参与率上看，是连年递增的。按收入和净财富分组的家庭金融资产参与率见表 2-14。

表 2-14　按收入和净财富分组的家庭金融资产参与率

单位:%

A. 2008 年家庭金融资产参与率								
家庭特征	现金和活期	定期储蓄	股票	基金	国债	保险	公积金	养老基金	其他
所有家庭	95.00	70.60	26.60	15.82	8.01	39.02	50.84	6.08	52.49
年度税后总收入									
1~10 000 元	84.95	40.64	4.08	5.28	4.72	18.46	23.86	0.32	18.01
10 001~20 000 元	88.87	43.89	5.63	4.73	1.45	20.44	28.49	0.67	31.90
20 001~50 000 元	97.19	71.00	17.97	11.98	5.00	34.75	47.77	2.33	51.17
50 001~100 000 元	96.89	82.03	44.13	22.98	11.45	53.16	66.72	8.67	64.66
100 001~200 000 元	98.17	91.28	58.12	32.45	19.44	59.67	69.27	18.67	69.92
200 001~500 000 元	100.00	96.31	82.96	50.03	41.50	67.01	79.21	45.54	85.91
>500 000 元	100.00	100.00	69.25	37.91	24.29	34.85	63.72	80.85	93.88

表2-14（续）

家庭特征	现金和活期	定期储蓄	股票	基金	国债	保险	公积金	养老基金	其他
家庭总财富									
≤0元	76.60	58.61	—	—	—	23.40	23.40	—	36.90
1~20 000元	88.50	6.45	3.28	—	—	3.28	—	—	5.21
20 001~50 000元	89.85	38.53	3.27	5.09	0.85	8.45	15.93	—	10.40
50 001~100 000元	90.08	50.24	9.22	6.94	1.95	21.63	32.90	2.86	29.44
100 001~500 000元	96.48	72.59	19.01	11.78	5.62	36.31	47.69	2.82	52.36
500 001~1 000 000元	97.47	84.20	45.07	25.12	9.81	57.36	72.59	9.81	72.29
1 000 001~3 000 000元	98.30	94.38	69.26	36.82	27.51	67.15	83.30	22.39	79.96
>3 000 000元	100.00	100.00	87.41	73.58	44.82	64.55	84.11	48.63	89.63

B. 2017年家庭金融资产参与率

家庭特征	现金	活期存款	定期存款	股票	基金	债券	理财产品	其他
所有家庭	89.92	90.54	19.42	11.84	5.07	0.65	13.72	1.79
年度税后总收入								
1~10 000元	83.41	78.28	7.55	1.55	1.01	0.03	2.54	0.18
10 001~20 000元	86.31	85.36	10.57	1.67	0.90	0.12	2.30	0.31
20 001~50 000元	89.90	89.28	15.00	2.80	1.10	0.32	3.50	0.30
50 001~100 000元	92.90	94.70	23.70	7.80	2.80	0.51	9.10	0.40
100 001~500 000元	94.10	97.80	30.60	20.80	8.30	1.30	25.10	1.73
>500 000元	92.90	97.80	29.10	36.40	16.30	1.60	39.80	7.84
家庭净财富								
≤0元	88.00	86.60	13.30	5.50	2.20	0.20	6.40	0.40
1~20 000元	90.00	89.60	17.40	4.79	1.80	0.40	5.60	0.29
20 001~50 000元	92.50	94.20	24.43	8.20	3.30	0.60	9.80	0.39
50 001~100 000元	93.50	96.30	29.70	14.32	5.75	1.11	17.80	0.90
100 001~500 000元	93.50	97.80	30.64	24.50	10.30	1.60	29.90	2.79
500 001~1 000 000元	92.71	97.17	29.45	31.40	14.30	2.00	33.90	4.90
1 000 001~3 000 000元	91.50	96.60	31.60	26.50	12.09	0.91	34.20	4.30
>3 000 000元	90.62	100.00	15.63	31.20	15.60	0.00	37.45	9.38

表2-14(续)

C. 2017 年家庭保险与保障类金融资产参与率			
所有家庭	养老金	住房公积金	商业保险
2011 年	23.90	6.36	5.22
2013 年	50.91	6.08	8.48
2015 年	51.96	8.63	6.59
2017 年	60.36	9.17	7.10

数据来源：根据清华（2008）、CHFS（2017）计算而得。

第二，随着年龄增长，家庭投资风险性资产的配置比例和参与率均逐步提高，到老年后（此处界定为 60 周岁以上）又开始下降。这与理论上认为的年龄与风险资产参与度呈驼峰状的预期比较一致。不同年龄组家庭金融资产配置结构及参与率见表 2-15 和图 2-5。

表 2-15　不同年龄组家庭金融资产配置结构

单位:%

家庭特征	现金和活期	定期储蓄	股票	基金	国债	保险	公积金	养老基金	其他	合计
被访者年龄										
25 周岁以下	31.72	45.30	5.20	2.09	0.71	3.90	4.15	0.92	6.01	100.00
25~34 周岁	34.88	29.56	7.97	2.80	1.42	7.17	7.37	0.99	7.84	100.00
35~40 周岁	26.84	32.42	10.61	3.46	1.40	10.00	7.27	1.48	6.54	100.00
41~50 周岁	26.18	30.95	15.08	4.35	1.62	6.67	9.03	0.58	5.53	100.00
51~60 周岁	23.82	29.40	8.19	5.85	4.14	7.94	12.88	1.62	6.16	100.00
60 周岁以上	18.75	46.84	11.04	3.69	1.42	4.73	7.48	0.25	5.81	100.00

数据来源：根据清华（2008）计算而得。

注：以上配置结构比例使用各组家庭的分项金融资产的均值与总金融资产均值之比衡量。

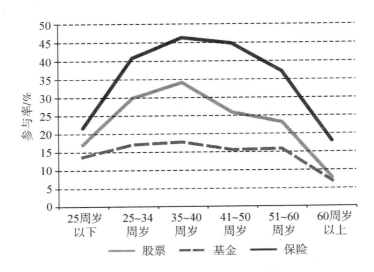

图 2-5　不同年龄组家庭金融资产参与率

数据来源：根据清华（2008）计算而得。

第三，受教育程度越高，家庭参与风险性金融资产选择和配置比例越高。公司高管和政府企事业单位职员股票和基金的参与率最高[1]。按教育程度和职业分组家庭金融资产配置结构及参与率分别见表 2-16 和表 2-17。

表 2-16　按教育程度和职业分组家庭金融资产配置结构

单位:%

家庭特征	现金和活期	定期储蓄	股票	基金	国债	保险	公积金	养老基金	其他	合计
所有家庭	29.48	32.42	9.84	3.47	1.60	7.61	7.80	1.09	6.69	100.00

---

[1]　这或许仍与收入和财富水平相关。由于没有原始的样本数据，我们无法进行多元统计分析以区别边际上的影响，可我们仍然认为教育程度和职业的不同还反映了投资意识、金融知识这些除收入以外的影响因素。此外，正如清华（2008）所交代的，博士股票参与率低于硕士可能与博士家庭的样本量过小有关。

表2-16(续)

家庭特征	现金和活期	定期储蓄	股票	基金	国债	保险	公积金	养老基金	其他	合计
家庭成员最高受教育程度										
初中及以下	40.14	32.26	1.37	1.64	0.43	3.13	11.44	0.11	9.47	100.00
高中及中专	34.86	33.99	7.21	1.78	0.87	5.31	8.61	0.66	6.71	100.00
本科及大专	26.34	30.48	10.68	3.82	1.68	8.51	8.94	1.22	8.34	100.00
硕士	22.60	31.09	10.23	5.40	3.20	5.57	8.23	7.38	6.30	100.00
博士	43.33	27.70	4.57	5.41	1.55	12.16	2.36	0.00	2.92	100.00
被访者职业										
政府与事业单位	23.73	26.38	10.19	6.94	4.43	8.49	10.69	2.55	6.59	100.00
企业及公司管理人员	23.03	35.40	11.73	3.99	1.58	6.95	8.08	2.39	6.86	100.00
企业工人及公司普通职员	26.01	33.59	11.49	3.05	1.69	8.31	8.85	0.50	6.52	100.00
个体户及小企业主	47.95	33.66	5.34	2.36	0.60	1.75	3.61	0.43	4.30	100.00
教师、医生与律师	25.16	22.11	8.71	3.77	1.61	20.47	8.76	1.24	8.17	100.00
自由职业者	28.62	32.93	14.57	4.88	0.25	3.98	6.13	0.71	7.92	100.00
待业及其他	27.38	33.96	5.69	2.68	3.18	6.34	10.87	0.70	9.21	100.00

数据来源:根据清华(2008)计算而得。

表2-17 按教育程度和职业分组家庭金融资产参与率

单位:%

家庭特征	现金和活期	定期储蓄	股票	基金	国债	保险	公积金	养老基金	其他
所有家庭	95.00	70.60	26.60	15.82	8.01	39.02	50.84	6.08	52.49
家庭成员最高受教育程度									
初中及以下	88.82	46.70	2.78	3.23	1.71	12.36	28.50	0.12	34.09
高中及中专	95.71	68.75	20.60	9.03	5.73	34.07	53.72	3.43	57.37

表2-17（续）

家庭特征	现金和活期	定期储蓄	股票	基金	国债	保险	公积金	养老基金	其他
本科及大专	96.23	73.91	31.74	20.28	9.40	44.08	57.90	10.86	55.75
硕士	94.90	85.44	52.74	34.79	20.27	56.55	84.44	37.24	73.26
博士	100.00	86.41	33.45	21.47	21.47	70.22	32.79	—	40.49
被访者职业									
政府与事业单位	95.06	74.03	42.25	27.97	13.14	49.50	61.38	14.64	52.73
企业及公司管理人员	98.12	86.85	57.91	22.67	9.85	59.04	73.48	16.70	68.98
企业工人及公司普通职员	95.33	69.39	25.07	14.95	8.89	48.01	59.63	3.34	51.22
个体户及小企业主	96.93	67.63	17.45	12.63	4.30	16.53	28.58	3.03	46.67
教师、医生与律师	95.37	71.88	20.71	17.18	13.88	49.85	53.93	12.73	46.49
自由职业者	96.99	70.59	22.32	17.76	1.58	24.85	38.59	5.98	58.42
待业及其他	91.91	63.25	15.71	10.97	8.14	26.75	38.86	2.18	47.34

数据来源：根据清华（2008）计算而得。

第四，在2008年东部地区和直辖市的家庭风险性金融资产的参与率和配置比率都明显高于其他区域。这一现象佐证了我国地区间的收入水平、教育程度的差异在金融资产选择行为上的影响。

但是随着互联网的发展以及金融知识和金融工具的普及，地区之间的距离被有效拉近，从表2-18中我们可以看到，在整个中国，地区对于家庭金融资产配置的影响几乎消失，不存在明显的地域现象。按区域分组家庭金融资产配置结构及参与率见表2-18和表2-19。

表 2-18 按区域分组家庭金融资产配置结构

单位:%

A. 2008 年家庭金融资产配置结构									
家庭特征	现金和活期	定期储蓄	股票	基金	国债	保险	公积金	养老基金	其他	合计
所有家庭	29.48	32.42	9.84	3.47	1.60	7.61	7.80	1.09	6.69	100.00
经济区划										
东部	28.82	33.02	10.90	3.75	1.93	6.18	7.45	1.18	6.77	100.00
中部	22.52	31.16	6.79	2.53	1.15	17.33	9.41	1.61	7.50	100.00
西部	39.87	30.78	7.93	3.05	0.39	4.66	8.16	0.09	5.07	100.00
东北部	36.11	30.00	4.44	2.47	1.17	9.57	5.19	0.25	10.80	100.00
行政区划										
直辖市	16.52	30.66	15.90	6.14	3.85	8.85	9.74	1.54	6.80	100.00
副省级城市	29.45	33.18	9.11	3.29	1.53	6.39	10.11	0.38	6.56	100.00
地级市	35.60	33.02	7.20	2.27	0.56	7.39	6.21	1.08	6.67	100.00

B. 2017 年家庭金融资产配置结构							
家庭特征	现金和活期	定期存款	股票	基金	债券	理财产品	其他	合计
所有家庭	41.45	26.97	9.98	3.83	1.04	15.50	1.23	100.00
经济区划								
东部	40.85	26.40	10.79	3.73	1.08	15.69	1.46	100.00
中部	40.81	27.40	10.05	3.99	1.11	15.60	1.04	100.00
西部	43.68	25.19	8.85	4.32	1.06	15.52	1.38	100.00
东北部	41.37	29.85	10.34	3.11	0.75	14.12	0.46	100.00

数据来源:根据清华(2008)、CHFS(2017)计算而得。

注:以上配置结构比例使用各组家庭的分项金融资产的均值与总金融资产均值之比衡量,由于数据变更原因,在 2017 年的数据无法获得直辖市等城市区划的分类。

表 2-19　按区域分组家庭金融资产参与率

单位:%

A. 2008 年家庭金融资产参与率								
家庭特征	现金和活期	定期储蓄	股票	基金	国债	保险	公积金	养老基金	其他
所有家庭	95.00	70.60	26.60	15.82	8.01	39.02	50.84	6.08	52.49
经济区划									
东部	97.06	82.88	35.60	21.92	11.83	44.85	57.8	8.14	67.13
中部	95.25	67.54	19.34	10.26	5.74	37.64	49.86	8.96	38.17
西部	92.14	45.55	13.95	7.29	1.97	30.29	40.62	0.42	29.91
东北部	96.30	72.22	10.49	6.79	1.85	17.28	20.37	1.23	49.38
行政区划									
直辖市	97.73	90.27	54.02	28.54	23.00	72.52	79.58	15.28	73.77
副省级城市	95.17	72.74	18.89	12.21	5.13	45.37	61.79	3.01	53.61
地级市	95.04	64.46	22.33	13.83	5.10	27.32	38.55	4.82	46.23

B. 2017 年家庭金融资产参与率							
家庭特征	现金和活期	定期存款	股票	基金	债券	理财产品	借出款	其他
所有家庭	98.52	19.67	8.84	3.55	0.58	10.58	16.63	0.75
经济区划								
东部	97.93	19.50	8.89	3.50	0.60	10.46	16.61	0.72
中部	97.87	20.18	8.98	3.67	0.52	10.99	16.41	0.81
西部	98.00	19.43	8.66	3.38	0.54	10.50	16.76	0.64
东北部	97.91	20.57	8.68	3.47	0.50	10.40	16.60	0.80

数据来源：根据清华（2008）、CHFS（2017）计算而得。

第三节　我国家庭金融资产配置的国际比较

一、我国家庭金融资产占比还有较大提升空间

虽然我国家庭金融资产占总财产比例偏低且波动大，2008 年曾一度涨到 27.7%，但到 2017 年下跌到 8.3%（见表 2-8）。而美国家庭这一比例在 1989 年已达到 30% 以上，在 2001 年美国股市泡沫期达到峰值42.2%，即使网络股泡沫破灭，且美国房地产在 2000 年后长达八年的繁荣，美国家庭金融资产占比在 2007 年仍达到 34.0%，此后随着美国股市长达十年的牛市，家庭金融资产占比在 2016 年又回升至 42.5%。这一点可以从美国家庭金融资产组合构成中体现（见表 2-20）。此外，美国持有金融资产的家庭比例从未下降，从 1989 年的 88.9% 逐渐上升到 2016 年的 98.5%。美国家庭金融资产参与率见表 2-21。

表 2-20　美国家庭金融资产组合构成

单位:%

资产种类	1992年	1995年	1998年	2001年	2004年	2007年	2010年	2013年	2016年
一、金融资产	31.6	36.8	40.7	42.2	35.8	34.0	37.9	40.8	42.5
交易账户	17.4	13.9	11.4	11.4	13.1	10.9	13.3	13.3	11.8
存款账户	8.0	5.6	4.3	3.1	3.7	4.0	3.9	2.0	1.5
储蓄债券	1.1	1.3	0.7	0.7	0.5	0.4	0.3	0.3	0.2
债券	8.4	6.3	4.3	4.5	5.3	4.1	4.4	3.2	2.8
股票	16.5	15.6	22.7	21.5	17.5	17.8	14.0	15.9	13.7
共同基金	7.6	12.7	12.4	12.1	14.6	15.8	15.0	14.8	23.2

表2-20（续）

资产种类	1992年	1995年	1998年	2001年	2004年	2007年	2010年	2013年	2016年
退休账户	25.8	28.3	27.8	29.0	32.4	35.1	38.1	38.8	35.6
人寿保险折现值	5.9	7.2	6.3	5.3	2.9	3.2	2.5	2.7	2.2
其他托管资产	5.4	5.8	8.5	10.5	7.9	6.6	6.2	7.5	7.7
其他金融资产	3.9	3.3	1.6	1.9	2.1	2.1	2.3	1.5	1.3
合计	100.0	100.0	100.0	100.0	100.0	100.0	100.0	100.0	100.0
二、非金融资产	68.4	63.2	59.3	57.8	64.2	66.0	62.1	59.2	57.5
车辆	5.7	7.1	6.5	5.9	5.1	4.4	5.2	5.3	4.8
住宅	47.0	47.5	47.0	46.9	50.3	48.1	47.5	46.2	42.4
其他房产	8.5	8.0	8.5	8.1	9.9	10.7	11.2	11.3	10.9
其他非房屋产权	10.9	7.9	7.7	8.2	7.3	5.8	6.7	5.2	6.5
自有企业	26.3	27.2	28.5	29.7	25.9	29.7	28.1	30.6	34.2
其他	1.6	2.3	1.8	1.6	1.5	1.3	1.3	1.4	1.2
合计	100.0	100.0	100.0	100.0	100.0	100.0	100.0	100.0	100.0

数据来源：根据美国联邦储备委员会 SCF 数据库（1992—2016 年）计算而得。

表 2-21　美国家庭金融资产参与率

单位：%

参与率	1992年	1995年	1998年	2001年	2004年	2007年	2010年	2013年	2016年
金融资产	90.3	91.2	93.1	93.4	93.8	93.9	94.0	94.5	98.5

数据来源：根据美国联邦储备委员会 SCF 数据库（1992—2016 年）计算而得。

　　美国市场主导的金融结构可能会在一定程度上令家庭更倾向于选择金融资产，因此我们也对以间接融资为主的日本家庭金融资产占比进行比较。日本家庭金融资产占总资产比例见表2-22。

表 2-22 日本家庭金融资产占总资产比例

单位:%

资产种类	1987年	1990年	1993年	1996年	1999年	2002年	2005年	2008年	2012年	2016年	2019年
金融资产	16.5	20	26.7	29.7	32.4	30.2	31.3	33.1	21.8	39.6	41.3
非金融资产	83.5	80	73.3	70.3	67.6	69.8	68.7	66.9	78.2	60.4	58.7

数据来源：根据日本国民调查数据及日本家庭金融素养调查相关数据计算而得。

从表 2-21 和表 2-22 可知，无论是与市场主导还是银行主导的金融体制国家相比，我国家庭金融资产占总资产比例都相对要低一些，这是什么原因造成的？理论上来说，家庭资产选择的金融化主要可以归结为经济金融化在家庭部门的具体表现。随着货币流通和信用活动的长期相互渗透，形成新的且不断扩展的金融范畴与实体经济的融合，经济的金融化过程开始出现。经济金融化的进程逐步渗透家庭部门，提高了家庭资产选择的金融化程度。一方面，家庭将消费后的剩余货币收入转变为金融资产不断积累起来；另一方面，家庭的货币收入转化为生息资本后，尤其是经过资本市场证券化形成各种虚拟资本之后便游离于物质再生产过程之外，按照其自身独特的运动规律不断增殖、膨胀和扩张，其发展速度远远超过实体经济的发展速度，这对家庭产生的结果就是家庭金融资产总量的攀升和家庭金融资产选择的金融化趋势。

因此，我国家庭金融资产占比偏低：一是与我国金融市场总体发展水平还相对落后有关；二是与我国人均收入还大大落后于发达国家密切相关。

二、我国家庭风险性金融资产配置比大大低于发达国家

家庭资产配置第一层面是在金融和非金融类资产之间的分配，第二层面则主要体现在金融资产中，如何配置风险性（以股票为主）和非风险性资产。表 2-23 显示了美国、英国、法国等家庭的金融资产配置结构，前 3 个国家是以市场为主导的金融体系，后 3 个国家是以银行为主导的体系。从表 2-23 可以看到，美国、法国、英国居民所持有的股票、保险等金融资产占比确实要高于日本、德国和中国，而通货和存款持有占比要低于日本、德本和中国。我国居民持有的通货和存款的占比相比以银行为主导金融系统的日本和德国，仍然更高，但这种差距已经大幅缩小。2017 年，中国家庭通货和存款占金融资产比例已经从 1999 年的 81%降到 61%，比日本仅略高 3%。在股票持有比例方面，中国家庭与日本、德国的家庭相比，仅相差 1%左右，并无显著差距。虽然我国家庭保险资产持有占比从 1999 年的 2.7%大幅上升至 2017 年的 12.5%，但仍大幅低于日本和德国。2017 年，德国家庭保险资产占比为 24%，日本为 35%，而英国则高达 58%。家庭金融资产配置的国际比较见表 2-23。

表 2-23　家庭金融资产配置的国际比较

各项金融资产	年份	美国	英国	法国	日本	德国	中国
通货和存款 /%	1999	9.6	20.7	25.3	54	35.2	81.3
	2008	15.0	32.2	31.0	55.2	39.5	74.9
	2017	13.3	24.0	36.4	58.8	47.2	61.0
股票和股权 /%	1999	37.3	17.2	39.7	8.1	16.8	6.9
	2008	31.9	8.4	14.3	6.1	7.8	5.9
	2017	13.7	14.0	9.2	6.6	6.9	5.9

表2-23(续)

各项金融资产	年份	美国	英国	法国	日本	德国	中国
保险和养老金储备 /%	1999	30.5	52.3	20.6	26.4	26.4	2.7
	2008	28.0	51.2	39.8	28.0	28.6	11.0
	2017	37.8	58.0	39.4	34.6	24.4	12.5
债券 /%	1999	9.5	1.5	1.8	5.3	10.1	—
	2008	9.2	1.1	1.8	3.1	6.9	1.5
	2017	3.0	0.2	1.2	4.6	3.4	1.6

数据来源：美国（FRB, Flow of Funds Account, 1999, 2008, 2016）；英国（ONS, United Kingdom Economic Accounts, 1999, 2008）；法国（Banque de France, Financial Accounts, 1999, 2008）；日本（Bank of Japan, Flow of Funds, 1999, 2008, 2019）；德国（CEIC database）；中国（CEIC database）；欧元区家庭金融和消费调查（HFCS, 2017）。依据数据的可获得性，在2017年的数据中，美国是2016的数据，日本是2018年的数据。

我们可以看到，无论与哪种体系的国家相比，我国家庭的通货和存款的占比都处于相对高位，而风险性金融占比处于最低水平，但区别已主要体现在保险类资产上。

三、我国家庭风险性金融资产持有方式中介化程度低

本书对家庭风险性金融资产主要以股票为研究对象，而股票持有方式目前在西方国家大多呈现了中介化的趋势，即通过金融中介机构间接持有股票。其中以美国为典型，由于其在20世纪70年代推出的个人退休计划（IRAs）和由雇主负责提供的401K计划有收益免税等优惠，同时可以投资于股票、债券等金融市场，使得美国家庭间接持股的比例快速提高。

相比较而言，我国2008年城镇家庭直接持股的比例达到27%，已

经高于美国的直接持股家庭比例，但间接持股比例在我国仍只有 17%，并且主要是通过投资公共基金的方式间接持有，这与两国养老保障体系的完善程度以及对养老体系资金扶持的政策不同密切相关。美国家庭持有股票方式见表 4-24。

表 2-24　美国家庭持有股票方式

资产种类	1989年	1992年	1995年	1998年	2001年	2004年	2007年	2010年	2013年	2016年
直接持有	12.6	11.1	10.5	10.4	9.8	20.7	17.9	15.1	13.8	13.9
间接持有	17.2	23.3	28.9	35.4	37.9	14.6	15.8	15.0	14.8	23.2
持有股票	31.8	36.9	40.5	48.9	52.3	50.3	51.2	49.9	48.8	51.9

数据来源：根据 Curcuru et al.（2004）的研究和 SCF（2007，2016）数据计算而得。

事实上，美国的个人退休计划和 401K 计划的推出，一方面是以收益免税的方式增加基金缴纳人在老年的资金来源，这是养老保障体系在老龄化背景中现收现付体制下资金缺乏困境而寻找的出路之一；另一方面也解决了美国股市缺乏长期资金入市的问题。目前，我国按照联合国的标准已经进入老龄化社会，同时老龄化的程度正在加剧，我国劳动年龄人口占总人口比重将在 2015 年达到峰值后下降，中国的养老体系面临的资金缺口问题将更加严重，我国未来如何利用资本市场使得养老资金保值增值以及以此保障居民到老年后的收入问题将会更加突出。

第三章 中国家庭金融资产配置行为的动因分析

第一节 资产金融化的制度解释

与发达市场经济国家的规律性特征相比，我国家庭的金融资产选择行为有很大的区别，呈现储蓄为主、风险化程度较低的异质性特征，这主要是因为我国没有经过市场化的充分发育，不仅所处经济体系的发达程度依然不高，而且金融资产选择行为的发展历程明显带有制度变迁的痕迹。因此，本书必须结合经济制度和金融发展的轨迹来展开对我国家庭金融资产选择行为的分析和研究。

家庭金融资产选择的行为依托于社会经济发展的大背景。目前，我国经济从体制模式和发展水平上看正经历双重过渡。从体制模式上看，我国从改革开放早期的计划经济向市场经济转轨，到21世纪以后，则是从低的市场化程度向高的市场化程度迈进；从发展水平上看，我国已从低收入国家组别跨越进中高等收入国家组别，正深化改革以向高等收入国家组别迈进。在这种双重过渡的经济背景下，家庭的经济状况发生着根本性的变革，家庭金融资产选择行为也随之深刻地变化。我国家庭逐渐开始选择并关注金融资产配置主要由以下几点大的制度背景所带动：

一、收入增长，投资意识增强

从经济体制模式的转变来看，我国实行了农村家庭联产承包责任制，城市中对国有企业"放权让利"、推行"承包经营责任制"，允许非国有企业等以"放权让利"为主线的经济体制改革，在这些改革的不断深化下，我国国民经济的发展水平不断上升，国民经济实现了快速增长。

国民经济的发展为居民收入增长提供了宏观经济基础，而从计划经济向市场经济转轨的过程中，我国经济的市场化程度不断提高，居民收入来源的日益多元化则为我国居民收入增长提供了微观基础。1985 年我国人均可支配收入为 739 元，2009 年达到 17 175 元，而到了 2019 年，人均可支配收入增至 39 251 元，真实增长率年平均达到 5.6%。

一方面，我们注意到国民收入分配的格局在发生改变。1990 年以前，我国收入分配呈现出从政府和企业向居民倾斜的特征：1978 年，政府、企业和居民三者之间的收入分配比例为 33.9%、11.1% 和 55.0%；到 1990 年，三者之间的分配比例变为 21.5%、9.1% 和 69.4%；这 12 年间，居民收入所占比重上升了 14.4 个百分点。

随着居民收入的提高以及金融知识的普及，居民的投资意识也在不断增强，这直接带动了我国居民近年来金融资产占比的提高。

另一方面，我们也需要注意的是，国民收入分配的格局在 1990 年以后发生了改变，向居民部分倾斜的趋势正好逆转。事实上，这从我国 1985—2019 年的人均收入年增长率（5.6%）低于我国实际 GDP 年增长率（6.1%）也可以直观看出。

二、金融业的恢复和发展（制度性供给）

金融业的恢复和发展促使金融产品多样化，金融产品的多样化发展为家庭金融资产组合多元化提供了客观条件，也构成了家庭金融资产选择的外部环境。

与国外大部分发达国家不一样，其金融市场是在大众的投资需求下应运而生，而作为一方面具有后发优势的国家，另一方面金融市场在我国现阶段还主要是在政府主导下逐步展开，我国金融业和相关制度的恢复对于家庭金融资产客观环境就显得格外重要。

我国在 1981 年重新发行国库券；在 1984 年前后相继成立或恢复了四大国有专业银行①。随后，我国又陆续建立了如交通银行、上海浦东发展银行等一批体制外金融机构。1985 年金融债券在中国工商银行和中国农业银行首次发行，中国人民保险集团股份有限公司也在同年重新建立。更为重要的是，1990 年以上海和深圳两个证交所的成立为标志，我国证券市场开始形成，我国金融体系的市场化特征也得到增强。随后，资本市场进行了一系列改革，自 2001 年 4 月起停止行政审批制，以新的核准制代之，并配以发行审核制度和保荐制，使证券发行的市场化程度进一步提高。尤其是 2004 年《国务院关于推进资本市场改革开放和稳定发展的若干意见》的颁布，为资本市场的发展提供了强大支持。2004 年 5 月，为了弥补主板市场的不足，我国推出中小企业板市场②。此外，我国还相继采取了股票退市制度、国有股减持和流通改革等一系列措施规范市场。

随着上述金融市场的发展，股票、债券、基金、外汇和保险等各种金融产品市场不断发展。同时，银行也把个人金融视为新的利润增长点，着力加大对相关业务的开发力度，推出了信用卡和理财产品。这一

---

①　四大国有专业银行包括中国工商银行、中国农业银行、中国银行和中国建设银行。

②　中小企业板市场，即主要以中小型企业和高科技企业为服务对象的市场。

系列金融产品构成了适应不同风险偏好、涉及多个领域的网状投资产品渠道，充分发挥了吸纳居民闲散资金的投资增值能力。金融投资渠道的多元化，成为家庭投资理财途径的基础。如果说传统居民理财的重点在于量入为出，即在一定程度上限制消费欲望，从而做到收入和消费的机械平衡，那么，现代居民的理财活动则在于充分发挥资产的保值、增值能力，即在保持收入与消费平衡的基础上，尽可能地完成居民合理的消费意愿，达成理财目标。这一切的变化起始于我国家庭收入的不断增长，而实现的渠道正是来自我国金融投资产品市场的不断扩大。

三、社会保障体系的建立

保险金融资产占比在 2000 年以后的迅速提高是我国居民近年来资产金融化的重要原因，而这一变化主要归因于我国全面的多层次社会保障体系的逐步推进。值得注意的是，在过去 20 年（尤其是过去 10 年）中，我国社保制度从无到有的转变是使得我国居民保险以及金融资产占比提高的重要体制原因之一。

在 2000 年以前，我国居民所持有的保险金融资产基本上在 2% 到 3% 之间，属于居民金融资产中配置占比最低的一项。随着我国国有企业改革在 20 世纪 90 年代末期的深化，1999 年中国共产党第十五届五中全会关于"'十五'期间我国社会保障制度要取得突破性进展"目标的确立，我国居民金融资产中保险占比开始提高，2008 年已占到总金融资产的 11.5%。到 2019 年，由于房价的暴长，居民保险在金融资产中的相对占比有所下降，但保险的绝对投资额增加至 2011 年的 40 倍。

第二节　高储蓄和现金占比的原因分析

虽然我国家庭的金融资产占比在提高，但是在金融资产内部，一直以来都是以储蓄和现金为绝对主导，风险性资产的持有比例还比较低。我们认为，造成这一现象的原因主要有三点。

一、收入水平偏低是根本原因

不论从金融学理论还是国外实际经验来看，家庭收入水平的高低都是决定家庭持有风险资产占比的根本因素之一。以美国为例，收入最高的 10% 的家庭约 90%（1998 年以后）都持有股票，而最低 20% 的家庭仅有 10% 持有股票。由于收入水平往往与家庭财富密切相关，财富水平偏低是造成家庭持有风险性资产偏低的重要原因。这可以从拥有房产的家庭股票参与率要大大高于无产权房屋家庭的参与率中得到印证。不同收入的美国家庭持有股票的比例见表 3-1。

表 3-1　不同收入的美国家庭持有股票的比例

单位：%

家庭特征	持有股票的家庭占比（直接或间接）									
	1989年	1992年	1995年	1998年	2001年	2004年	2007年	2010年	2013年	2016年
所有家庭	31.8	36.9	40.5	48.9	53.0	50.3	53.2	49.9	48.8	51.9
收入分布										
<20	3.6	7.4	6.5	10.0	13.3	11.7	14.3	12.5	11.4	11.6
20~39.9	15.2	20.2	24.7	30.8	34.9	29.8	36.5	30.5	26.4	32.5
40~59.9	28.6	34.0	41.7	50.2	53.7	51.9	52.9	51.7	49.7	51.8

表3-1（续）

家庭特征	持有股票的家庭占比（直接或间接）									
	1989年	1992年	1995年	1998年	2001年	2004年	2007年	2010年	2013年	2016年
60~79.9	44.2	51.4	54.5	69.4	76.3	69.9	73.3	68.1	69.5	73.6
80~89.9	57.6	66.1	69.7	77.9	82.9	83.9	86.3	82.6	81.6	85.3
90~100	76.9	77.3	80.1	90.4	90.2	92.7	91.5	90.6	93.0	94.7
房产										
有自有产权房	42.0	45.9	48.8	59.8	63.2	61.0	64.6	61.3	60.0	64.6
租住或其他	13.6	21.2	25.1	27.5	31.5	26.5	28.1	26.3	28.0	29.6

数据来源：根据 SCF（2007，2016）相关数据计算而得。

虽然我国居民收入以年均 8% 的速度增长了近 20 年，但就绝对水平而言，仍大大落后于发达国家。为了便于国际比较，基于数据的可获得性，我们使用了人均 GDP 进行比较。表 3-2 中的数字为 2010 年价格（国际货币单位）并按购买力平价进行折算后的人均 GDP。可以看到，直到 2019 年，我国人均 GDP 仍仅相当于美国的 26%，其他国家的 35% 左右。人均 GDP 的国际比较（2010 年价格）见表 3-2。

表 3-2　人均 GDP 的国际比较（2010 年价格）

年份	中国/元	日本/日元	法国/欧元	德国/欧元	英国/英镑	美国/美元
1990	1 423.70	32 068.86	33 893.59	36 640.00	30 673.01	40 500.59
1995	2 391.54	34 001.23	35 346.15	39 301.97	32 793.87	43 094.95
2000	3 451.73	35 518.17	39 922.59	42 858.02	38 131.37	50 235.82
2005	5 334.61	37 391.29	41 843.45	43 880.47	42 739.75	54 473.36
2006	5 979.67	37 898.22	42 570.49	45 605.74	43 609.74	55 490.90
2007	6 795.07	38 480.88	43 333.78	47 029.50	44 323.22	55 996.90

表3-2(续)

年份	中国/元	日本/日元	法国/欧元	德国/欧元	英国/英镑	美国/美元
2008	7 413.01	38 041.65	43 202.14	47 572.42	43 852.11	55 393.98
2009	8 069.58	35 985.65	41 745.48	44 975.96	41 672.94	53 517.54
2010	8 884.86	37 487.35	42 349.54	46 927.33	42 153.63	54 437.08
2011	9 686.92	37 513.50	43 069.33	49 681.29	42 469.65	54 884.71
2012	10 397.49	38 135.22	42 995.59	49 796.16	42 799.11	55 712.71
2013	11 150.05	38 954.18	43 021.35	49 873.11	43 422.99	56 350.65
2014	11 917.39	39 152.07	43 227.45	50 771.04	44 228.31	57 313.86
2015	12 691.94	39 672.95	43 553.40	51 209.09	44 912.83	58 535.77
2016	13 487.95	39 926.02	43 914.48	51 930.16	45 428.72	59 028.59
2017	14 344.42	40 858.88	44 826.51	53 011.77	45 974.86	59 957.73
2018	15 243.25	41 074.10	45 561.00	53 659.99	46 309.80	61 544.41
2019	16 116.70	41 429.29	46 183.52	53 815.37	46 699.30	62 682.80

数据来源:根据世界银行WDI(2018)相关数据计算而得。

二、被动的高储蓄(不确定性的增加)

从我国居民金融资产中股票占比与股市表现高度正相关来看(见图2-3和图2-4),我国居民的投资意识已经比较强。在2010年之前,我国家庭金融资产中储蓄配置高达80%,近10年储蓄的比例下降到60%左右,仍高于欧美等国家水平。高储蓄配置的形成除了受到收入低的影响外,在过去20年频繁的各项改革进程中,所面临的不确定性增加,对于居民金融资产选择的制约不可小视。此种意义上说,我国的"高储蓄"是被动的"高储蓄"。影响家庭消费支出的政策时间表见表3-3。

表 3-3 影响家庭消费支出的政策时间表

改革内容	公布时间	相关文件	备注
医疗	1998 年	《国务院关于建立城镇职工基本医疗保险制度的决定》	
养老	1997 年	《国务院关于建立统一的企业职工基本养老保险制度的决定》	
教育	1994 年	《国家教委关于深化高等教育体制改革的若干意见》	
住房	1994 年	《国务院关于深化城镇住房制度改革的决定》	该文件发布后开始试点
	1998 年	《国务院关于进一步深化城镇住房制度改革加快住房建设的通知》	该文件发布后房改正式推行

资料来源：宋振学. 转轨经济中的金融市场与居民跨期消费选择研究［D］. 济南：山东大学，2007.

从我国近 10 年出台的各项重要政策中可以一窥我国居民所面临的不确定性，相比改革开放前的城镇居民来说已有大幅提高。

在改革开放前的计划经济体制时期，国家基本上承担了居民的养老、医疗、住房和教育支出，因此居民很少考虑上述消费支出，居民的日常消费支出主要用于日用消费品的支出。在市场经济改革开放后，居民原先享有的福利和社会保障体制被打破，原来由国家负担的一些福利性项目逐步转向市场化方式，其中国家负担的比重逐步下降，而由居民自己承担的比重逐渐增加。因此，居民支出增加的预期逐渐加强。从表 3-3 可以看出，从 20 世纪 90 年代中期开始，我国逐步实行了教育体制、住房体制、养老体制和医疗体制等改革，这些原来由政府或企业承担的住房、医疗和养老等费用转而由居民个人承担，且这些费用的上涨速度远超过多数家庭的收入增长速度。因此，人们对未来支出增加的不确定性大大加强。

在原有的社会福利机制被打破而相应的社会保障机制尚未建立健全的情况下，城镇居民家庭普遍存在预防性储蓄心理。清华（2008）清楚地显示了我国居民储蓄最重要的原因是医疗、教育和养老这类预防性需求。我国城镇居民储蓄动机见图3-1。

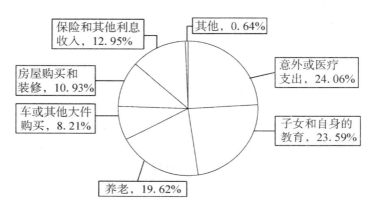

图 3-1　我国城镇居民储蓄动机

数据来源：根据清华（2008）计算而得。

三、金融结构失衡

近年来的经济和金融改革使我国金融市场取得了长足的发展，金融市场规模不断扩大，金融市场结构也从单一的国债市场发展成为包括同业拆借、债券和股票等多层次货币市场与资本市场共存的格局。但是与发达国家成熟的金融市场相比，我国金融市场的结构仍存在发展不平衡的问题，资本市场整体规模依然偏小，尤其是债券市场规模过小，债券市场和股票市场结构也存在严重失衡。资本市场整体规模较小和结构失衡必然对我国家庭金融资产选择行为产生影响。我国各金融子市场深度见表3-4。

表 3-4 我国各金融子市场深度

单位:%

年份	金融机构存款(GDP)	寿险保费(GDP)	非寿险保费(GDP)	股票市值(GDP)	非公共债券市值(GDP)	公共债券市值(GDP)	外债发行量(GDP)
1992	-	0.27	0.60	2.40	2.80	2.37	1.13
1993	-	0.40	0.60	6.57	2.82	2.67	2.19
1994	-	0.34	0.62	8.13	2.58	2.76	2.41
1995	-	0.41	0.60	6.28	2.51	2.98	1.96
1996	-	0.46	0.63	9.28	2.89	3.55	1.81
1997	-	0.79	0.61	16.84	3.51	4.22	2.00
1998	-	0.78	0.60	21.38	5.01	5.39	1.89
1999	113.19	0.85	0.59	25.84	6.44	6.80	1.79
2000	117.40	0.86	0.60	38.09	7.51	9.05	1.59
2001	122.35	1.17	0.62	41.64	7.91	9.91	1.48
2002	130.24	1.70	0.63	33.87	9.85	13.39	1.34
2003	140.24	0.85	0.63	30.23	11.45	14.98	1.34
2004	143.11	1.75	0.67	24.69	16.84	14.83	1.35
2005	144.10	1.72	0.65	18.74	24.53	14.60	1.27
2006	144.89	1.62	0.68	28.06	29.02	13.30	1.10
2007	139.35	1.64	0.73	78.45	28.64	17.34	1.16
2008	139.88	2.08	0.73	74.27	33.00	15.72	1.05
2009	155.76	2.13	0.82	52.40	33.37	16.25	0.95
2010	177.95	2.36	0.95	62.42	32.68	16.12	1.18
2011	169.43	1.79	0.95	51.08	30.25	15.70	1.57
2012	175.11	1.65	0.99	42.21	34.23	15.31	2.04
2013	170.43	1.58	1.04	40.43	34.82	16.26	2.86

表3-4(续)

年份	金融机构存款(GDP)	寿险保费(GDP)	非寿险保费(GDP)	股票市值(GDP)	非公共债券市值(GDP)	公共债券市值(GDP)	外债发行量(GDP)
2014	182.38	1.68	1.11	47.91	37.64	16.42	4.13
2015	202.91	1.89	1.14	64.10	46.15	21.40	4.77
2016	208.37	2.34	1.17	67.60	52.66	28.88	5.70
2017	203.44	2.65	1.21	65.50	57.47	35.06	7.20

数据来源:根据世界银行 Thorsten Beck 和 Ed Al-Hussainy（2019）、中国人民银行官网相关数据计算而得。

为了便于国际比较,我们此处使用了世界银行 Thorsten Beck 和 Ed Al-Hussainy 的一个跨国金融结构指标数据库,其中有关存量数据与流量的比值均使用了存量的本期与上期的均值与流量的本期值进行计算,以消除存量数据波动可能带来的误差,其中每期值均用年末 CPI 进行调整。

表3-4 显示了中国自 1990 年以来,金融机构存款、股市、保险和债券各金融子市场的发展深度（以其存量规模与 GDP 比值进行衡量）。我们可以很清楚地看出,我国仍然是以银行为主导的金融结构,之后依次是股票市场、债券市场和保险市场。值得注意的是,债券市场中,私人债券市场的发展自 2000 年以来最为迅猛,在 2004 年首次超过国债占 GDP 的比重后迅速扩大,从 2004 年的 17% 迅速增长至 2017 年的 57%,同期国债占 GDP 比重仅从 15% 升至 35%。金融结构呈现出银行与非银行间、股权与债券间的双重不平衡。这两点特征不论是与发达国家还是与发展中国家进行比较,都得到了印证。金融市场结构的国际比较（2017）见图 3-2。

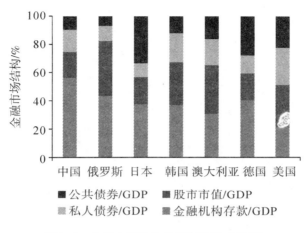

图 3-2 金融市场结构的国际比较（2017）

数据来源：根据世界银行 Thorsten Beck 和 Ed Al-Hussainy（2019）相关数据计算而得，其中因数据的可获得性，德国和美国是 2011 年的数据。

同时，就股票市场本身而言，虽然我国股市规模占 GDP 比重已仅次于银行存款市场，但以每万人口所拥有的上市公司数量而言，我国还大大落后于日本、英国、美国等国家。即使在亚洲新兴市场中，相比同样人口密度较大的印度，我国每万人上市公司数量也仅为印度的 1/2。这说明我国股市的发展深度也还大大落后于国际社会。每万人口上市公司规模的国际比较（2017）见图 3-3。

正如我们在前文中所说，由于我国金融市场发展严格来说是在政府主导下进行的，市场发展受制度供给的制约比较强。在这种情况下，家庭金融投资的需求虽然也可以影响市场结构的变化，但更多的还是市场结构的发展影响金融投资的选择行为。金融结构的严重失衡必然会导致我国家庭风险性金融资产持有比率偏低。

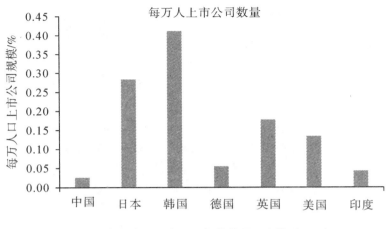

图 3-3　每万人口上市公司规模的国际比较（2017）

数据来源：根据世界银行 Thorsten Beck 和 Ed Al-Hussainy（2019）相关数据计算而得。

第三节　中介化程度低的原因分析

理论上来说，中介机构能够通过降低投资者的参与成本、创造具有平稳收益分布的金融产品为投资者提供增加值来促进投资者参与股市。然而，我国居民为何通过中介机构持有股票的比例大大低于欧美呢？本书认为主要原因有三点。

一、金融市场发展水平和产品的多样化水平低

从上节对我国金融结构的分析可以看出，目前我国仍然还是以银行为主，其他如股票市场和债券市场的发展速度远远低于储蓄型银行机构。不仅如此，就股票市场和债券市场而言，我国金融产品的发展程度也还远远落后于发达市场。基于基础股票产品的衍生品，如单一股票或

某种指数的看涨看跌期权，主动化指数基金等还很少甚至是没有，股指期货也仅仅于 2010 年才推出。而债券市场产品的多样性相比国外而言就更显单一。美国的固定收益类产品相比股权类金融产品，市场占比达到了 6∶4。在固定收益类产品中，基于基础公司债和国债的衍生债券类金融产品形成了一系列不同收益和风险分布的金融产品线，而资产证券化的发展则更进一步丰富了固定收益类产品的种类。虽然 2008 年这轮始于次级贷款债券的金融危机与证券化产品的过度负债导致的风险失控密切相关，而对我国现阶段而言，则更多的还是金融产品线的不足。

在金融市场发展水平低且产品单一的大背景下，中介机构的知识优势、信息优势以及资金规模优势并不能充分的显现，因此选择中介机构持有金融资产的吸引力自然被打了折扣。

二、我国通过中介机构持有股票的成本高

抛开中介机构具有的信息、知识和资金优势来看，个人投资者是否选择通过金融中介机构参与股市还与中介机构的成本高度相关。

通常，居民会依据股市的预期收益来决定是否参与市场，但 Guiso，Haliasso 和 Jappelli（2003）的研究则发现，参与市场的成本（包括通过中介机构参与的成本）才更关键。他们在控制了财富、收入、年龄和教育程度等家庭微观特征的因素影响后，仍然发现欧洲国家通过中介机构参与股市的比例要低于美国，并且这一差异无法用市场的收益差异进行解释。

直接参与股市的成本其主要部分之一是通过金融服务行业收取的交易成本，另一个重要的部分是家庭为了参与股票交易所花费的时间成本。缺乏金融教育和信息不透明等是时间成本的重要决定因素。而间接参与股市的成本还涉及基金的生产成本（production cost）和销售成本

(distribution cost)。基金的生产成本不仅指基金的年度管理费，还包括所有的年度营运成本（如行政管理、股份注册、委托、审计和法律成本等）。国际上常用的计算基金生产成本的指标——TER（total expenditure ratio），就是用基金的运营成本与基金的资产比值进行衡量的。在 2001 年，美国的 TER 是 0.98%，而欧洲的 TER 是 1.46%。另外，基金的销售成本由于没有国际通行的标准，并且计算起来也非常复杂，但大多可以从基金销售的渠道集中度、基金的规模以及基金的集中度来进行比较。当基金的销售渠道比较集中、基金的规模较小，或者基金行业的集中度很高时，都会增加基金的销售成本。基金的销售渠道比较以及基金的交易成本、规模和集中度比较见表 3-5 和表 3-6。

表 3-5　基金的销售渠道比较

单位：%

国家	直接销售	经纪商	银行	其他
法国	1.00	13.50	73.70	11.80
德国	9.80	11.70	72.50	6.00
英国	17.30	54.70	19.90	8.10
美国	32.00	40.00	8.00	20.00

数据来源：根据 Guiso，Haliasso 和 Jappelli（2003）相关数据计算而得。

表 3-6　基金的交易成本、规模和集中度比较

国家	股市交易成本/基点，0.01%	管理费/%	基金个数	平均规模/百万美元	集中度/%	在股票中的配置/%
法国	27.63	1.20	5 836.00	87.00	63.00	13.60
德国	29.70	0.80	717.00	207.00	62.00	37.90

表3-6(续)

国家	股市交易成本/基点,0.01%	管理费/%	基金个数	平均规模/百万美元	集中度/%	在股票中的配置/%
英国	51.88	1.20	1 455.00	163.00	20.00	85.80
美国	30.64/24.57	1.40	6 900.00	647.00	18.00	53.00

数据来源：根据 Guiso，Haliasso 和 Jappelli（2003）相关数据计算而得。

注：股市交易成本是基于给定市场中来自全球的 135 个机构投资者的交易数据计算的，是佣金率、费率和市场影响之和，单位是基点（0.01%）。管理费率是基于每个基金在 1997 年度收取的费率进行计算的，单位是百分比（%）。集中度指市场中前五大基金占总基金市场的比例，以 1997 年 12 月 31 日数据计算。

从以上两个表可以看出，美国基金业的销售渠道不仅更多样化，而且其基金市场规模也更大，集中度更小，这显然都使得美国中介机构的销售成本相比欧洲更低。

由于数据的可获得性，我们无法准确地找到中国基金业的生产成本和销售成本并进行国际比较。我国基金业发展至今，尽管实现了较快增长，但是截至 2019 年年底，也才仅有 151 家基金公司，这与欧美国家在 20 世纪 90 年代末期的数量相比，还显得非常小。规模小、集中度高必然增加了我国基金的销售成本。晨星（中国）研究中心提供的报告显示，整体来看，美国股票型基金的总费率为 1.39%，国内股票型基金的总体费率为 2.08%。单看股票型基金的管理费率，国内为 1.50%，美国则为 0.73%。虽然从绝对数值上看，中国基金费率高于美国，但是考虑到两国行业的发展程度不同，市场化程度也不同，两者确实很难具有可比性。但两者最为明显的不同是，美国的基金费率一直在下降，而中国则多年保持稳定。统计显示，美国各类基金的总费率在 1991—2006 年从 0.93% 下降为 0.83%。这主要是因为基金规模扩大产生的规模效应，加上美国市场基金之间的竞争非常充分，投资者对费率的敏感度也比较高，由此形成了促使费率下降的强劲推力。

同时，我国基金销售渠道还很单一，大部分依靠银行，在渠道的广度和深度上，与国外成熟市场还有很多差距。从代销渠道的种类来看，国内基金代销渠道的类型还不丰富，数量也比较有限，还没有养老金和真正意义上的基金超市等渠道。在渠道的深度上，国内第三方中介销售与服务模式也还没有充分发育。因此，我国家庭通过金融中介间接持股要支付的成本较高。

三、老龄化的挑战

美国金融中介机构的发展不仅是市场的需要，同时也是美国社会老龄化时期养老金改革的结果。随着美国社会老龄化的出现，现收现付的全美养老保障体系面临着资金紧缺问题。为了鼓励退休年龄前的人群更积极地缴纳养老金，也为了保障其退休后的消费水平不至于下降过快，美国政府在 20 世纪 70 年代推出了个人退休计划和由雇主负责提供的401K 计划。前者是个人可以直接缴纳的养老金，而后者一般是指有工作的个人由雇主负责提供的养老金。为了鼓励国民参与到养老金体系中，美国政府实施了一系列收益免税等优惠，同时规定养老金可以投资于股票、债券等金融市场。这一举措使得美国家庭间接持股的比例快速提高，同时还为美国资本市场形成了长期资金的最大来源。

我国的社保体系是从 20 世纪 90 年代末期才开始建立的，并且在2000 年后才真正逐步开始建立多层次的社保体系。我国社保体系建立较发达国家晚，但从一开始就面临着严峻的资金短缺问题，一方面是历史遗留问题所致，另一方面则是我国"先富未老"的这一事实所决定的。但我国目前还处于建立基本社保体系时期，多层次的包括企业年金等的社保体系的建立还基本处于萌芽时期，全国有企业年金的单位大多也是垄断性国有企业，并且年金的运作、投资方式、投资收益等也还没有透明化和规范化。这进一步造成我国家庭通过中介持股的比例偏低。

第四节　风险收益特征对家庭金融资产配置的影响

上一小节我们从金融市场的规模和深度分析了我国金融市场发展对家庭金融资产选择的影响，发现我国债券市场和股票市场规模偏小、在金融市场中的比例较低，使得我国家庭资产选择严重偏于储蓄存款，而股票和债券资产占比较低。但近几年随着股票市场的大规模发展，股市也分流了部分储蓄存款，家庭储蓄存款增速呈现下降趋势。下面我们将具体从银行存款、债券市场和股票市场的金融产品供给和金融资产投资渠道分析不同金融产品的风险收益特征对家庭金融资产选择的影响。

一、银行存款

从风险收益特征来看，银行存款通常被认为是收益较低同时风险相对较小（此处主要指债券类产品违约风险）的一种安全性金融资产，是我国家庭长期以来占绝对主导地位的金融资产。正如前文所述，这种现象除了我国居民受总体收入低和家庭预防性储蓄需求大的制约外，对于中产阶级以及更高收入人群而言，高储蓄更多是投资渠道受限所致。我国真实存贷款年利率见图3-4。

图 3-4 我国真实存贷款年利率

数据来源：根据 CEIC 相关数据计算而得。

注：其中真实利率用 1 年期基准存贷款利率减去同年的通货膨胀率进行计算。

随着人们金融意识以及财富水平的增长，通货膨胀已经越来越受到居民的关注。从长期来看，储蓄并非所谓安全的资产，由于我国宏观经济波动水平高，同时通货膨胀波动幅度也较高，储蓄存款主要面临来自通货膨胀的风险。事实上，我国真实利率有很多年份均处于负利率状态（见图 3-4），这在一定程度上是用居民储蓄补贴企业和国家的投资，进一步提高了企业资本的收益。

二、债券市场

从风险收益水平逐级上升的角度来看，债券可以被认为是风险和收益都稍高于银行存款的家庭金融资产配置选项；而从长期资产持有角度来看，债权特别是同年限的国债的收益率可类似于银行存款。因此，持有债券也会面临如同持有存款一样的因通货膨胀而导致的贬值风险。

此外，债券产品的结构和投资渠道也影响着家庭对债券的配置。

随着经济体制和金融体制改革的不断深入，我国债券市场规模逐渐扩大，品种也逐步多样化，但是我国债券的品种结构尚不合理。截至2019年年底，我国债券市场总量中有57.3%为政府债券，其中32.5%是地方政府债券，而政策性银行债又占了债券市场总量的25%，企业债仅占债券市场总量的4.58%。

我国公司债市场发展严重失衡的原因是多方面的，如信用体系的不健全、利率尚未完全市场化、产权保护制度不明晰等，但其导致的一个重要结果是我国尚无多层次的固定收益产品市场，债券市场的风险收益分布并不广，这也对居民依据自己的风险偏好进行选择的空间有很大限制。由于金融债大部分都由机构投资者进行交易，家庭能够参与的主要是国债和公司债部分，这种债券结构的失衡在一定程度上制约了家庭资产配置中债权选择的比重。

同时，债券市场的交易方式同样制约了家庭选择债券作为其重要的金融资产配置选项。我国债券市场仍然存在证券交易所市场、银行间市场、银行柜台市场（OTC）相互分割的问题，而且只有银行柜台市场是面向社会公众的交易市场，这在一定程度上影响了家庭多渠道投资于债券市场。此外，债券市场投资者同质化现象较为严重，2019年年底，银行系统投资者持有的债券总额高达整个债券市场的57.4%。银行柜台市场的债券余额和交易额又都严重低于银行间债券市场和交易所市场，由于债券投资渠道的不畅，家庭通过债券进行金融资产投资的比重一直远远低于储蓄存款。此外，从债券交易的成本来看，由于交易所债券市场、银行间债券市场以及银行柜台债券市场相互连通不足，我国债券交易的流动性成本较高，远远高于成熟市场经济国家和新兴市场经济国家，这也同样阻碍了家庭投资于债券。国债市场流动性成本的比较见图3-5。

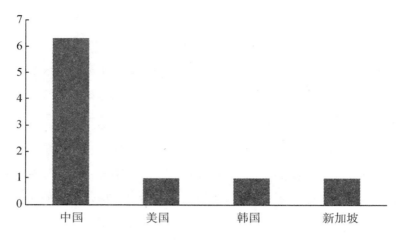

图 3-5　国债市场流动性成本的比较

注：为了便于国际比较及基于数据的可获得性，中国数据截至 2007 年年底，其他国家数据截至 2007 年 10 月 25 日。

三、股票市场

上海证交所和深圳证交所于 1990 年相继成立，标志着我国股票市场正式建立。我国上市公司市值管理研究中心发布的 2019 年度我国上市公司市值年报显示，截至 2019 年年底，沪深 A 股市场总市值已恢复到 59.2 万亿元人民币的水平，超越日本成为位居美国之后的全球第二大市值市场。在股票市场的迅速发展下，家庭在储蓄向投资转化过程中的主动性得到增强，成为重要的投资主体，家庭金融资产结构也相应地发生了变化，股票成为我国家庭主要的金融资产投资选择之一。

虽然我国的股票市场已经有了长足的进步，但以获取股利为目的持有股票的情况还很少，主要原因有以下几点：

一是我国上市公司忽视投资者收益分配权的现象比较普遍。股利分配政策应是上市公司财务管理的重要内容之一，股利分配政策应该慎重制定。在制定分配政策时，除应遵守相关的法律法规，并结合公司目前的情况和未来的发展需要外，最根本的还是要考虑到投资者尤其是中小投资者的利益，因为他们是上市公司的产权所有者，享有收益分配权。然而在现实中，中小投资者的收益分配权往往被忽视。纵观我国证券市场开市以来的历史，可以看到上市公司在股利分配中常常存在"不分配"的现象，而且有逐年上升的趋势，大量采用股票股利的分配方式或者是将配股作为股利分配，使其成为一种圈钱的手段。

二是股利分配政策波动性较大，缺乏连续性。纵观国际证券市场，几乎所有的公司都倾向于采取平稳的股利支付政策。一方面，股利支付率不受公司利润波动的影响，即使公司面临亏损，公司管理者亦保持平稳的股利支付率直到他们确信亏损不可扭转；另一方面，公司管理者只有在确信持续增加的利润能够支撑较高的股利支付水平时，才会提高股利支付率，而且他们会逐步增加股利，直到一个新的股利均衡地实现。反观我国上市公司，基本上没有一个稳定的股利政策，股利分配随意性很大，这使投资者对公司股利政策及股价变动趋势的预期变得十分困难。特别是我国大多数上市公司没有按照企业发展的生命周期规律对股利分配进行中长期规划，而是各年临时进行决策制定，股利政策缺乏战略性方针的指导。所以，我国上市公司无论是股利支付率还是分配形式均频繁变化，缺乏连续性，未形成相对稳定的股利政策。

三是股利分配行为极度不规范。股利分配行为极度不规范具体表现为：①有些公司的董事会对股利分配方案的制定缺乏严肃性，经常随意更改分配方案，造成二级市场的波动；②"同股不同权""同股不同利"的现象时有发生。

综上所述，股份公司迫切需要科学、系统和实用的理论研究成果做指导，以便不断克服当前股利政策制定严重依赖于公司管理当局的经验性行为弊端。

鉴于以上客观情况的存在，当前家庭持有股票并不是以获取股利为目的，更多的是以持有期内获得买卖差价为考虑出发点。这在一定程度上增加了我国股市的波动性和投机性。

四、股票与储蓄的风险收益比较

在第一章中我们已清楚地论述了我国居民持有股票的比例与储蓄比例经常呈现出反向变动，而与市场的表现则正好同向变动。这一方面说明我国居民具有旺盛的投资理财需求，另一方面说明股票和存款在我国具有一定的替代性。尽管股票市场存在风险，但只要市场存在足够的溢价预期，家庭仍然会选择这样的风险资产。

把我国股市与美国股市做个比较，我国股市的平均市场风险（以标准差表示）大约是美国股市的 2 倍，而市场平均收益率只有美国股市的 1/2。也就是说，我国股市的市场风险比美国股市高得多，而对应的风险补偿则低得多，我国股市每单位的收益大体上只有美国股市的 1/4。此外，所谓利好消息的刺激反而增加了投资市场的波动与风险（袁志刚等，2005）。股票市场巨大的风险—补偿结构足以说明我国家庭股票资产占比较低、银行储蓄居高不下是与我国股票市场发展滞后和不规范分不开的。

鉴于目前我国股市并未建立起稳定的股利分配体系，家庭选择股票作为金融资产配置选项，更多的是出于获取买卖差价的目的，股票市场的产品供给和投资渠道会进一步对我国家庭金融资产的选择产生重要影响。从我国股市的产品供给规模来看，我国家庭股票资产的选择与我国股市的产品供给规模相一致，股市规模扩大、产品供给增加，家庭股票资产也随之增加；相反，随之下降。从我国股市产品的风险—收益来看，由于我国股市存在着巨大的风险补偿，我国家庭股票资产占比仍然较低。从股票投资渠道来看，尽管理论分析和发达国家的实践表明，金融中介能够降低投资者的参与成本从而促进股市参与，但是从我国机构投资者的产品供给、投资者构成、投资行为和生产成本以及销售渠道等方面来看，我国机构投资者在降低投资者参与成本、提供具有平稳收益分布的金融产品方面尚显不足，因而在促进家庭投资者参与股市方面的力量有限，从而导致我国家庭股市参与程度较低。

虽然银行存款回报率低，但因其风险低、渠道简便等成为家庭金融资产配置的首选。一般认为，我国居民储蓄和债券等固定收益资产具有低收益、低风险特征。但是，我国居民储蓄和债券等固定收益资产的低风险特征主要适用于短期和中期。从长期来看，我国居民储蓄资产和债券资产的风险状况取决于我国的通货膨胀因素。随着全球经济金融危机进入恢复期，包括美国在内的各国政府增加了货币发行量，但是全球仍然面临新形式和新条件下的通货膨胀压力并且已经有所显现，全球面临的流动性过剩现象造成对风险资产需求的上升，而风险资产需求的上升又导致股票、房产等金融资产价格的上升，从而形成一种以资产泡沫形式出现的通货膨胀（谢国忠，2005）。当我国经济的持续增长与通货膨胀同时出现时，这意味着我国居民储蓄和债券等固定收益资产从长期来看其实面临较大的风险。

因此，我们用数据实证分析我国居民持有股票、存款的收益，以期对其在较长时期内的收益进行比较。假设从 1991 年开始，居民分别于每年年初投入 1 元钱至股市和存款账户，并一直持有至 2019 年年末再卖出，我们比较这两种投资策略到 2019 年 12 月为止的年均真实收益率，结果列在股市和储蓄的真实年均收益比较中（见表 3-7）。

表 3-7 股市和储蓄的真实年均收益比较

单位:%

投入时间	股市①	存款	通货膨胀
1991 年	6.3	-0.1	3.4
1992 年	3.4	-0.3	6.4
1993 年	0.0	-0.3	14.7
1994 年	0.3	-0.1	24.1
1995 年	2.8	0.4	17.1
1996 年	4.6	0.7	8.3
1997 年	2.8	0.7	2.8
1998 年	1.8	0.6	-0.8
1999 年	2.0	0.3	-1.4
2000 年	1.1	0.1	0.4
2001 年	-1.0	0.0	0.7
2002 年	0.3	0.0	-0.8
2003 年	1.4	-0.2	1.2
2004 年	0.9	-0.3	3.9
2005 年	2.5	-0.2	1.8
2006 年	3.4	-0.2	1.5
2007 年	-2.7	-0.3	4.8
2008 年	-8.1	-0.2	5.9
2009 年	2.2	0.0	-0.7
2010 年	-3.5	-0.3	3.3

---

① 投入股市的收益以上海证券交易所综合指数的回报率进行计算。

表3-7（续）

投入时间	股市	存款	通货膨胀
2011 年	-1.8	-0.2	5.4
2012 年	2.0	0.0	2.6
2013 年	2.2	-0.1	2.6
2014 年	4.2	-0.2	2.0
2015 年	-3.2	-0.4	1.4
2016 年	-5.8	-0.7	2.0
2017 年	-2.8	-0.7	1.6
2018 年	-6.4	-1.0	2.1
2019 年	19.4	-1.4	2.9

数据来源：根据 Wind 相关数据计算而得。

　　从表3-7中可以发现，从长期来看，股市的收益高于储蓄。比如，若在 1991 年年初居民投入 1 元钱至股市，持有至 2019 年年末，则可获得年均 6.3% 的真实回报率，而若同样的方法投入银行存款，则年均回报率为 -0.1%。股市的回报率受到股市的波动影响较大，2008 年和 2015 年前后均为股市波动时期，其收益率一度为负值，而存款受到通货膨胀的影响，很少有真实收益率为正的年份，仅在 20 世纪 90 年代后期有 6 年（1995—2000 年）时间为小于 1% 的正数。从大部分年份来看，在股市行情稳定的时期，其回报率要高于存款。当然，两者的波动性不一样，所蕴含的风险溢价不同，但考虑到我国经济还将在较长的一段时间内保持相对高速的增长，我国股市收益的长期风险应该会有所保留。

　　综合以上分析，鉴于我国债券市场规模依然较小，不能为广大家庭投资者提供足够的、丰富的、有稳定收益的金融产品，当家庭存在收支不确定性预期时，只能被迫进行银行储蓄，即强制性银行储蓄，而旺盛的投资理财需求和主要追求资产价差收益的股票市场，使得我国居民将资金在储蓄与股市之间进行选择。但是由于我国股市的高波动性，以及风险补偿不足，我国居民长期以来风险性资产比例并未随着收入增长呈现相应增长。此外，从长期投资的角度来看，虽然我国股市的收益高于银行储蓄，但限于我国股市的发展现状以及股民已形成的追求短期价差的投资偏好，能够分享到股市这种长期收益的比例并不高。

第四章　中国家庭金融资产配置的财富分配效应及财产性收入的不均衡特征

从前面两章的分析来看，我国家庭金融资产配置及财产性收入的一大特征就是资金金融化。虽然财产性收入增长较快，但是呈现出向富裕家庭集中的趋势，风险性资产配置也向富裕家庭集中，低收入家庭所持有的金融资产主要是储蓄和存款。从上一章的分析可知，长期来看，储蓄的收益要小于股票，这必然会进一步影响家庭的财富积累和收入的贫富差距。本章将具体分析投资方式、证券市场政策以及金融资产配置结构对财富分配的影响，最后对这种不均衡进行估计和分解，以考察各项资产收益对财富分配的影响异同，也为进一步的政策建议提供事实依据。

第一节　投资方式对财富分配效应的影响

一、中小投资者

虽然股市从整体上年均收益超过了通货膨胀，但是随着投资者投资方式的异同，这种财富其实在不同投资者间进行了重新分配。我们从对投资者行为的研究报告中均可以发现（李学，2001；何基报 等，2010），中小投资者的处置效应非常明显，并采取反向交易策略，是市

场流动性的主要提供者。以 2006—2008 年这轮股市周期为例，图 4-1
给出了中小投资者强烈买入（卖出）组合前后的累计超额收益率（前
后 20 个交易日）。从图 4-1 可以看出，中小投资者的强烈买入组合在未
来一段时间的收益表现显著低于其强烈卖出组合，说明这种由于处置效
应和反向交易而产生的卖涨买跌的交易行为实际上属于心理偏差。中小
投资者在市场中主要充当了非理性的噪音交易者（noise trader）（何基
报 等，2010）。

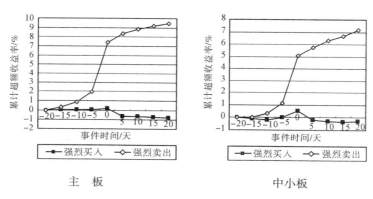

图 4-1　中小投资者强烈买入（卖出）组合前后的累计超额收益率
（前后 20 个交易日）

数据来源：根据何基报等（2010）相关数据计算而得。

二、大投资者

何基报等（2010）研究发现，大投资者是驾驭泡沫的投机者，在
过热行情形成初期和破灭后期采取趋势交易，在行情转为下跌之前或下
跌初期成功撤出。开户年限越长的投资者判断市场转折的能力越强。而
中登（2009）的研究也发现，投资者盈利状况往往是资金规模越大，
收益率越高。不同开户年限的大投资者累计净买卖指数与深圳证券交易
所成分指数见图 4-2，不同资产规模与盈利状况见图 4-3。

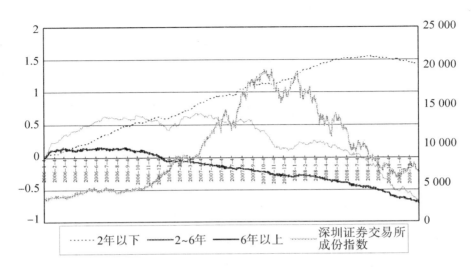

图4-2　不同开户年限大投资者累计净买卖指数与深圳证券交易所成分指数

数据来源：根据何基报等（2010）相关数据计算而得。

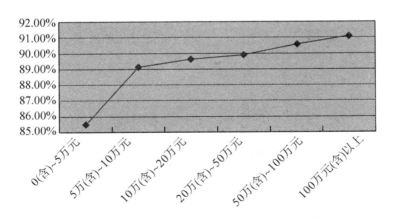

图4-3　不同资产规模与盈利状况

数据来源：根据中国证券登记结算有限责任公司深圳分公司《投资者行为统计分析报告（2009）》相关数据计算而得。

三、机构投资者

何基报等（2010）发现，基金类机构投资者大多采取趋势交易策略，即追涨杀跌的交易方式，而其他机构如社保基金、保险机构、QFII（合格的境外机构投资者）等更符合"低买高卖"的投资策略，其行为客观上起到了平抑市场波动的作用。如何基报等（2010）就发现基金以外的机构投资者在 2006—2008 年这轮周期中只在整体市场估值较低的上涨初期和下跌后期呈现净买入。以上三类投资者在深圳证券交易所的整体市值占比一直较小：占比从 2006 年年末的 7.1% 降至 2007 年年末的 3.7%，后回升至 2008 年年末的 4.5%。

随着社保体系的覆盖面变广，低收入者整体来说在社保和投资基金这两类资产的配置占比上，前者的比例会更高，这表明社保类机构投资者的收益可以更多地提高低收入者的财产性收入，缩小财产性收入的分配不均衡程度。

第二节　证券市场政策和市场规范性
对财富分配效应的影响

我国资本市场的各项政策处于不断调整和变化中。在我国股票市场中，投资者行为尚不规范，证券交易过程中出现过一些违法违规的行为，而这些行为的直接作用就是导致市场的不公正，进而在具有不同禀赋的投资者之间产生财富分配效应。

首先，内幕交易的投资者主体多样化，大股东、上市公司及其高管、机构投资者都有可能直接或间接地操纵市场。

其次，内幕交易的投资者行为动机多样化，有些大股东为了高价发行新股、提高股票质押所得或放大融资额而进行市场操纵，也有战略投资者因并购重组而进行市场操纵，还有上市公司高管为实施股权激励方案而进行市场操纵。

最后，内幕交易的投资者交易方式多样化，市场操纵主体可以通过上市公司利益输送、盈余管理、关联交易、低价增持股份和机构合谋等方式，通过操纵股价从二级市场自身股票交易中获利。

证券市场内部操纵行为实质是普通股民向市场操纵者的一种不正常财富转移现象，这不仅严重损害了普通股民的利益，也导致证券市场产生一种不利于社会公正的财富分配效应。内幕交易现象的产生与我国转轨经济各项政策不断变化、证券市场还处于"政策市"① 有很大的关系，政策成为造成股市异常波动的重要因素。由众多重大股市政策出台之前股票市场上出现异常交易可见，内幕操纵现象已是屡见不鲜。

获得内幕信息的操纵者集中资金优势在信息披露前买入股票，在信息公告后抛售股票或继续拉抬股价。当获得内幕信息的操纵者在信息披露前买入股票时，往往拉抬了股价，这时作为中小投资者的家庭股票持有者，即普通股民在不清楚内幕的情况下很容易跟进；而当内幕操纵者在信息公告后抛售股票时，普通股民在不知情的情况下未能及时抛出，导致普通股民在低价位被套牢。由此可见，内幕交易实质上是将股市财富由普通股民向市场操纵者的一种不正常转移现象。

综上所述，证券市场政策和市场规范性对居民之间的财富分配效应造成公正与否的影响。

---

① 政策市是指利用政策来影响股指的涨跌，政策的操作和影响对象很明确，就是股票指数。

第三节 家庭金融资产配置的财富分配效应

家庭收入水平是金融资产形成的物质基础。高收入家庭能在满足日常消费开支之后留有相当一部分的储蓄以金融资产的形式积累下来，低收入家庭则首先满足低层次的储蓄动机，随着收入水平的提高，在高层次储蓄动机的驱使下才考虑投资行为。家庭收入节余后积累起来形成家庭财富，家庭财富总量的增加会提高家庭风险承担能力和资产相对收益、降低家庭风险的厌恶水平，风险偏好上升，风险资产的比例也就会增加。因此，股票等风险性资产的投资会随着家庭财富的增加而上升。也因此，家庭的收入水平差距对家庭金融资产的分布有着重要的影响。

我们从表 2-13 和表 2-14 可以清楚地看到，我国家庭确实存在"财富越多，收入越高，进行风险性资产配置的家庭比例越高，其在家庭总金融资产中的占比也更多"的现象。这说明随着收入水平的提高，家庭将更多的资金投向股票、基金、理财等风险性金融资产。

为了更好地看到金融资产在不同财富家庭间的分布，我们计算了不同收入组别家庭拥有的单项金融资产占所有家庭该项金融资产的占比，以更清楚地看到资产分布的收入和财富效应。从表 4-1（B）中可以看出，最高 10%收入的家庭所拥有的股票占全部家庭的 48.77%，而最低收入的 20%家庭持有的股票仅占全部家庭的 5.9%。事实上，在低收入家庭中，有 65%的家庭拥有的股票占总量的 15.94%，其余 80%多的股票由富裕的 35%的家庭所拥有。基金、债券、理财等资产的这种向高收入家庭集中的特征比股票还要突出；只有保险和公积金在不同收入阶层间的差异相对来说小一些。表 4-1（A）中的结果也支持大部分金融资

产集中在最高收入家庭，家庭金融资产的分布极为悬殊。我国城镇家庭
金融资产按收入分布见表4-1。

表4-1　我国城镇家庭金融资产按收入分布

单位:%

A. 2008 年家庭金融资产分布									
家庭分组	现金和活期存款	定期存款	股票	基金	国债	保险	住房公积金	养老金账户余额	其他
按年度税后总收入从低到高分布									
20	6.86	5.17	1.08	3.97	4.60	6.38	9.20	0.95	5.92
45	28.52	27.06	17.30	19.24	14.33	22.38	29.19	7.15	30.03
25	27.12	30.43	38.99	34.63	21.24	47.54	36.10	27.80	34.88
10	37.50	37.34	42.63	42.16	59.83	23.70	25.51	64.10	29.17
所有	100.00	100.00	100.00	100.00	100.00	100.00	100.00	100.00	100.00

B. 2017 年家庭金融资产分布							
家庭分组	现金和活期存款	定期存款	股票	基金	债券	理财	其他
按年度税后总收入从低到高分布							
20	5.86	2.67	5.90	2.57	1.35	1.55	0.33
45	20.26	18.01	10.04	4.85	6.82	6.49	5.67
25	36.77	47.16	35.29	29.44	46.79	35.78	12.99
10	37.11	32.16	48.77	63.14	45.04	56.18	81.01
所有	100.00	100.00	100.00	100.00	100.00	100.00	100.00

数据来源:根据清华（2008）、CHFS（2017）计算而得。

　　结合我们在上节中分析的:不同投资者在股市中的投资方式的差异
导致了股市收益的差异，我们可以看到，因为持有股票比例的不同以及

大投资者在市场中往往收益更多的事实，财富分配进一步向高收入者集中，由此所产生的贫富差距也更大。

有关各项金融资产收益的差距给家庭带来的财富分配效应我们将集中在财产性收入的不均衡估计和分解中一并进行（参见下一节）。

第四节　我国家庭财产性收入的不均衡估计 与特征分析

一、实证估计与分解

基尼系数是国内外最为通用的一种测量不均衡程度的指数，本书在用基尼系数对家庭财产性收益的不均衡进行衡量时，将总的财产性收入的基尼系数分解为各分项收入来源的份额与其集中率乘积之和。与李实（2005）类似，我们使用了最初由 Rao（1969）提出，后来又由 Pyatt，Chen 和 Fei（1980）进一步完善的分解公式。该公式表示为

$$G = \sum_i \frac{\mu_i}{\mu} C_i \qquad (4-1)$$

其中 μ_i 和 μ 表示第 i 分项财产收益和总财产收益的均值，μ_i / μ 表示该分项财产收入在总财产收入中所占的份额，C_i 表示该分项财产收入的集中率[1]，G 表示总财产性收入的基尼系数。分项财产收益的集中率越高，意味着该项资产收益越是向富人集中。一般而言，如果一种分项资产收

---

[1]　集中率与基尼系数的差别有以下三点：①基尼系数是对总收入而言，集中率是对分项收入而言；②计算分项收入的集中率时，使用的是相同的计算公式，不同的是收入获得者仍是按其总收入而不是分项收入从高到低进行排序；③基尼系数的数值在 0~1，而集中率的数值在 -1~1。

益的集中率高于总财产性收入的基尼系数，则认为该项金融资产收益的分布对总金融资产收益的分布具有不均衡效应（disequilibrium effect）；反之，则认为具有均衡效应（balance effect）。随后，各种分项资产收益对总资产收益分布不均衡的贡献率可以表示为

$$e_i = \alpha_i \frac{C_i}{G} \qquad (4-2)$$

这里的 α_i 表示第 i 分项财产收入在总财产收入中所占的份额。

我们分别估算了各种分项资产收益的集中率，用来反映该项金融资产收益分布的不均衡程度，以求更深入地理解家庭资产收益分布的不均衡程度及其变化。如果集中率大于总资产收益的基尼系数，那么可以认为该项资产收益的分布对总金融资产收益的分布不均衡具有扩大效应；反之，则具有缩小效应。根据上面给出的分解公式，总财产性收入分布的基尼系数可表示为各个分项金融资产收益集中率的加权和，权重为各资产收益占总资产收益的份额。根据分解公式，我们还可以计算出各个分项资产收益对总资产收益不均衡分布的贡献率。

二、财产性收入分配不均衡的特征和变化

由于《中国城市（镇）生活与价格年鉴》自 2012 年后不再更新财产性收入的分项数据，我们使用 CHFS（2011—2017）的数据对近几年的财产性收入进行分析。为了便于比较，此处只列出了两个数据源最新两期数据的分析结果。

表 4-2 为我国城镇家庭财产性收入构成、分布差距及其分解结果。如表 4-2 所示，我国城镇居民财产性收入的基尼系数在 2005 年为 0.51，高于全国居民同年收入基尼系数的 0.485[1]，处于国际上公认的

---

[1] 全国居民收入基尼系数，数据来源自 Wind 数据库，下同。

收入分配差距较大的区间。在财产性收入随家庭收入高低进一步集中的特征下，财产性收入的分配差距高于收入的分配差距也就不足为奇。其中股利收入、保险收益和其他投资收入三项的集中率超过了总体财产性收入，具有不均衡效应，是拉大居民财产性收入差距的主要原因，三者对财产性收入不均衡程度的贡献率达到38%。房产收益的集中率虽然低于总的基尼系数，但由于其占比非常高，是财产分配不均衡贡献率最高（53%）的一项资产。

表 4-2　我国城镇家庭财产性收入构成、分布差距及其分解结果

2005 年	均值/元	比重/%	基尼系数	集中率	贡献率/%
财产性收入	192.91	100.00	0.51		100.00
①利息收入	20.52	10.65		0.5	10.53
②股利收入	35.89	18.64		0.6	22.03
③保险收益	2.96	1.53		0.58	1.76
④其他投资收入	18.16	9.43		0.75	13.98
⑤出租房屋收入	112.24	58.12		0.46	50.23
⑥知识产权收入	0.13	0.07		0.40	0.05
⑦其他财产性收入	3.01	1.56		0.46	1.42
2008 年	均值/元	比重/%	基尼系数	集中率	贡献率/%
财产性收入	387.01	100	0.54		100
①利息收入	43.70	11.26		0.52	10.77
②股利收入	75.52	19.61		0.64	20.95
③保险收益	6.60	1.70		0.51	1.59
④其他投资收入	42.58	11.17		0.79	16.23
⑤出租房屋收入	203.75	52.42		0.50	47.90
⑥知识产权收入	0.16	0.04		0.59	0.05
⑦其他财产性收入	14.70	3.80		0.55	2.51

表4-2（续）

2015 年	均值/元	比重/%	基尼系数	集中率	贡献率/%
财产性收入	14 906.22	100.00	0.50		100.00
①利息收入	383.92	2.57		0.49	2.55
②股利收入	1 737.76	11.63		0.87	20.41
③理财投资收入	138.73	0.93		0.88	1.65
④土地房产收入	12 432.22	83.23		0.44	72.89
⑤知识产权收入	3.219 6	0.23		0.41	0.02
⑥其他财产性收入	210.37	1.41		0.87	2.48
2017 年	均值/元	比重/%	基尼系数	集中率	贡献率/%
财产性收入	28 841.91	100.00	0.52		100.00
①利息收入	387.45	1.34		0.50	1.28
②股利收入	500.53	1.74		1.01	3.38
③理财投资收入	2 114.23	7.33		0.72	10.17
④土地房产收入	25 194.81	87.33		0.49	81.59
⑤知识产权收入	0.28	0.03		0.62	0.01
⑥其他财产性收入	644.61	2.23		0.83	3.57

数据来源：根据《中国城市（镇）生活与价格年鉴》（2005，2008）、CHFS（2015，2017）计算而得。

到了 2008 年，财产性收入的基尼系数进一步上升为 0.54，同年全国居民收入的基尼系数为 0.49。与 2005 年相同的是，股利收入和其他投资收入的集中率仍高于总财产性收入的基尼系数，起到了拉大财产收入分配差距的作用，并且两项资产收益的集中率都有所提高。与 2005 年不同的是，保险收益的集中度低于总财产性收入的基尼系数，这说明保险在 2008 年起到缩小财产分配差距的作用。同时，知识产权和其他财产性收入的集中率也超过了总财产性收入的基尼系数。

2015 年和 2017 年的结果是基于 CHFS 的调研数据计算得到。可以看到，这两轮调研数据也支持我国居民财产性收入的不均衡程度较高（达 0.5），且高于同年的全国居民财产性收入基尼系数（分别是 0.462 和 0.467）。股利收入、理财等其他金融资产收入是扩大财产性收入不均衡程度的主要原因，两者贡献率在 2015 年和 2017 年分别占到了 22% 和 14%。土地房产收入对财产性收入具有平等效应，也是贡献率最高的一类财产性收入，高达 70% 以上。

为了更好地考察财产性收入的分配不均衡状况，我们还计算了各年最富裕 10% 居民的各项财产性收入均值与最穷 10% 的比值，并列在表 4-3 中。2005 年，最富 10% 家庭拥有的财产性收入是最穷 10% 家庭的 29 倍，到了 2008 年，这一差距拉大至 35.8 倍。事实上，在各项财产性收入中，只有保险收入的差距从 32 倍缩小到 20.5 倍，其他各项收入的差距都拉大了，其中主要的财产性收入（房地产收入）的差距拉大了 11%，股利收入的差距拉大了 18%。高收入家庭投资范围更广，也是进一步加剧财产性收入不均衡的原因之一。在其他金融资产收入和其他投资收入项上的差距，2005—2008 年分别拉大了 280% 和 68%。最富与最穷家庭的财产性收入差距见表 4-3。

表 4-3 最富与最穷家庭的财产性收入差距

最富 10% 家庭与最穷 10% 家庭的差距	2005 年	2008 年	2011 年	2013 年	2015 年	2017 年
财产性收入	29.0	35.8	7.1	4.4	14.9	19.3
①利息收入	30.0	31.6	13.1	17.6	33.4	27.7
②股息收入	59.0	69.4	4 302.5	-62.6	-4 560.1	204.3
③保险收益	32.0	20.5	—	—	—	—
④其他金融资产收入	124.1	472.2	2 790.9	144.9	492.8	407.9

表4-3（续）

最富10%家庭与 最穷10%家庭的差距	2005年	2008年	2011年	2013年	2015年	2017年
⑤土地房产收入	20.0	22.2	6.3	3.3	10.7	16.9
⑥知识产权收入	31.0	109.0	1 212.1	1 059.2	6.0	15.0
⑦其他财产性收入	18.0	30.2	1 013.9	123.4	1 413.1	111.9

数据来源：根据《中国城市（镇）生活与价格年鉴》（2005，2008）、CHFS（2011—2017）计算而得。

注：差距使用两组家庭（分别是最富的10%家庭和最穷的10%家庭）各项人均财产性收入均值的比值进行衡量。

由于2011—2017年的数据源与2005年和2008年不同，两组数据间的直接比较可能存在因数据源不一致导致的偏差。但组内纵向比较的发现是一致的。最主要的两项财产性收入（利息收入和房产收入）是相对差距小的，但2017年也是四轮调研数据中差距最大的；股息、其他金融资产收入的最富10%家庭与最穷10%家庭间的差距是最大的两类，进一步加深了财产性收入的不均衡程度①。

我们认为造成上述变化的原因主要有以下几点：

第一，全民保障体系的建立。正如我们在前文所说，2000年后我国开始真正推进全民的社保体系，这将以前只集中在部分相对高收入群体的保险体制向全民普及后，低收入群体保险持有数量和收益上升较快。同时，由于商业保险的参与率以及收益差距并不大，而社保收益率对所有人群是相同的，因此保险收益在2005—2008年这段时间的分配

---

① 2013年、2015年股息收入的差距为负，是因为最穷10%家庭的股息收入为负导致。2013年、2015年股息收入的差距为负，是因为最穷10%家庭的股息收入为负导致。

差距有所缩小。

第二，股市的高波动性与散户为主的投资主体。由于我国股市的发展还不够成熟，高波动下多是以散户为主的投资结构。结合本章第一节中关于投资方式对财富分配效应的影响来看，高收入家庭由于往往受教育程度更高、投资经验更多，在股市投资中的收益也普遍好于低收入家庭，这进一步加深了股息收入的不均衡程度。

第三，随着我国更加注重对知识产权的保护，注重科研与创新的价值，知识产权的收入在受教育程度高和收入高的群体中自然就增加得更快。低收入群体的受教育程度普遍低于高收入群体，在更注重人力资本的背景下，知识和收入的差距自然会加深知识产权收益分配的不均衡程度。

第四，随着其他投资渠道的不断增加，如理财、信托受益权、期货等金融产品的出现，以及艺术品、古董、黄金、其他保值及增值商品的投资热出现，高收入群体的参与可能性更高，而低收入群体基本上很少参与这些投资，所以其他投资收入和其他财产性收入的分配不均衡程度在收入差距不断拉大的背景下，也在进一步加深。

三、财产分布的国际比较

从国际比较的角度来看，财产分布的基尼系数大于收入分配的基尼系数是一种常态。按照 Davies 和 Shorrocks（2000）的研究，发达国家收入分配的基尼系数为 0.3~0.4，而财产分布的基尼系数则为 0.5~0.9。财产最多的 1% 的人口拥有总财产的 15%~35%，而收入最多的 1% 的人口则拥有总收入的将近 10%。按照 Smeeding（2004）的研究，21 个发达国家在 20 世纪 90 年代中期收入分配的基尼系数大约为 0.3，但这些国家在 20 世纪后半叶财产分布的基尼系数为 0.52~0.93，如果不包括在外居住的瑞典人，则为 0.52~0.83。

　　按照国际标准，我国现阶段财产分布的基尼系数还不算很高。但是，如果考虑到以下两点，仍然要引起人们的高度重视：第一，发达国家个人财产的积累已经经历了数百年的时间，而我国从 20 世纪 80 年代初算起，只经历了不到 40 年的时间。可以说，中国个人财产积累的这种速度和势头都是超常的。第二，我国收入分配的基尼系数已经显著地超过上述发达国家，而如上所述，当今收入分配的分化必然会影响今后财产分布的分化。因此，今后一段时间内财产分布差距被进一步拉大，可以说将是难以避免的现实。

第五章　基本结论与政策建议

近年来，随着我国城乡居民收入水平的提高，以货币和房产为代表的财产积累规模越来越大。目前，财产性收入对总收入拉动有限，但其增长速度非常快，其中股利是金融资产中最重要的财产性收入来源。虽然我国家庭金融资产占总资产的比例在近年迅速提高，但在总量上还是体现为以现金和储蓄为主导的金融资产配置格局。此外，我国财产性收入和金融资产配置均呈现向高收入家庭集中的特征，最贫穷家庭参与风险性金融资产市场比例很低。在收入分配差距较大的背景下，会进一步拉大家庭之间的贫富差距。与国际相比，我国家庭金融资产占总资产比例还偏低，持有金融产品的中介化程度也偏低，财产分布的基尼系数还不算高，但是我国居民财产积累的速度和势头都是超常的，加之我国收入分配的基尼系数已高于海外诸多发达国家，今后一段时间内，财产分布差距的进一步拉大可以说将是难以避免的现实。

事实上，我们得出以上结论的数据（无论是来自国家统计局、CHIP、清华还是 CHFS）都存在对于最富裕人群调研样本或数据真实性的偏误。一般最高端人群存在难以被访问以及即使被访问但低报财产和收入的倾向，若将这种数据偏误考虑进来，我国财产分布和收入分布的差距将进一步拉大。当然，考虑到这些高端人群往往在海外有房产和金融产品的投资，我国家庭持有风险性金融资产占总金融资产的比例可能会有所提高。此外，若将考察的样本范围扩大至乡村，这种分布不均衡的程度会被进一步加深。

　　但是，在我国居民整体收入水平的提高，且居民投资理财需求现实存在并不断增加的背景下，国家仍需要对群众的财产性收入持支持和保护态度。未来财产性收入将在人们的收入中占据更高的比重。如何让更多的低收入家庭也拥有财产性收入，并且缩小在这一过程中的收入分配差距？作为我国家庭财产性收入的除房产以外的最主要来源——股票市场在这其中又可以起到什么样的作用？本书认为主要体现在以下几方面：

　　第一，发展经济、改善收入分配格局，增加居民收入是根本。

　　本书认为让更多低收入家庭能够拥有财产性收入并且缩小财产性收入分配差距的根本前提是提高其总收入水平。国家已在"十二五"规划中明确表示要通过初次分配改革来增加居民收入在总生产价值中的占比。除了使用税收调节（主要是累进制税率）和转移支付、增加公民的公平受教育机会这些手段外，居民工资性收入和资本回报的占比更多的由市场决定。在我国现阶段，根本的方式是促进经济可持续性增长，而这需要经济结构的成功转型。

　　第二，完善住房金融体系，形成长期一致的住房政策预期，减少房地产投机和房价泡沫形成的概率。

　　毋庸置疑，自我国 1998 年开始住房货币化改革以来，我国的房地产市场发展迅速，尤其是 2007 年以来过高的房价收入比已经成为全国普通民众的共识。而房产作为我国居民最主要的资产持有形式，其对财富分配差距拉大的贡献也最高。但是，房产作为典型的向高收入家庭集中的资产之一，在房价泡沫形成阶段，会进一步拉大不同收入家庭的财富差距。当前而言，除了市场因素导致的房地产市场的冷热变化外，我国政府还应尽量减少政府政策因素对这一资产价格波动的作用。我国政府在 2000 年以来已经执行了三轮房地产调控，总体基调是当经济过热、房价增长过快时政策收紧，但当经济下行压力较大时则放松调控，已然形成了政府将房地产作为调控经济主要手段的政策预期。公众面对这种相机抉择的政策倾向，容易加大对地产只增不减的预期，增加投机性需求。在当前我国经济增长面临调结构、转方式的关键时期，需要形成长期一致的住房政策预期，完善保障房市场，尤其是保障房的建设、维护资金安排，分配制度的透明和合理，以及整体的住房金融体系的构建等，以此减少政策的干扰因素。

第三，构建多层次资本市场，深化金融系统改革，减少制度性约束。

从本书分析可知，我国居民确实会依据金融资产收益的回报而动态调整资产组合。利率市场化改革以及增加价格调控工具的有效性，有利于减少制度性供给对家庭金融资产配置优化的约束。

此外，以服务实体经济为宗旨，发展多层次资本市场，也是鼓励和促进创新的重要手段。事实上，综观各国新兴产业的发展，除了政府的引导外，更多的是依靠市场资金的支持和选择，而这正是资本市场的根本优势所在，即通过提高市场资源配置的效率，为产业转型，进而为新一轮的技术革命的加快出现提供可能性，并以此带动居民的收入增长。需要注意的是，政府在发展资本市场时，始终应以其是否围绕实体经济发展为基本的判断标准。美国 2008 年金融危机的深刻教训之一即虚拟经济的发展与实体经济的逐渐偏离造成的资本市场泡沫破灭，这对实体经济、居民收入的增长都是有害的。

第四，资本市场发展的深化。

本书在第三章中已经分析过，造成我国当前居民金融资产以现金和储蓄为主导的原因，除了有我国居民总体收入水平还偏低、我国当前各项改革措施造成的家庭面临的不确定性（住房、医疗、教育等）增加等以外，我国金融结构的失衡也是重要原因之一。首先，金融结构呈现出银行与非银行间、股权与债券间的双重不平衡。其次，就股票市场本身而言，我国股市的发展深度也还大大落后于国际社会。以每万人口所拥有的上市公司数量而言，我国还大大落后于日本、英国、美国等。即使在亚洲新兴市场中，相比同样人口密度较大的印度，我国 2017 年每万人上市公司家数比印度仍要低。由于我国金融市场发展严格来说是在政府主导下进行的，因此市场发展严重受到制度供给的制约。金融结构的失衡导致我国家庭风险性金融资产持有占比偏低。

此外，前文基于调研数据的分析表明，随着我国居民收入水平的上升以及教育水平的提高，我国居民对于金融资产尤其是风险性金融资产的需求上升的空间还较大。同时，由于风险性金融资产（直接）参与率与配置比例均和年龄呈驼峰状，随着我国人口结构老龄化提前到来，家庭风险性金融资产的需求会受到这一因素的负面影响。我国工作年龄人口占总人口的比例见图 5-1。

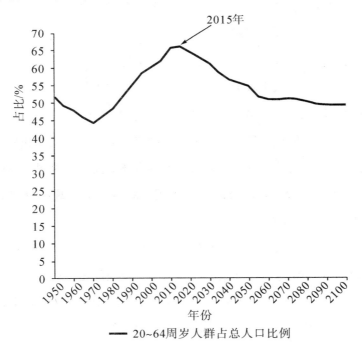

图 5-1　我国工作年龄人口占总人口的比例

数据来源：根据联合国发布的《2019 年世界人口展望》相关数据计算而得。

这表明，我国当前资本市场的发展还需要进一步深化。多层次资本市场的建立，以及平衡的金融结构的发展（债市与股市、金融市场与银行系统），不仅更好地为实体经济发展提供了金融支持，在客观上还满足了家庭金融资产需求的变化。

第五，形成规范的资本市场。

从前文的分析可知，除房产带来的租金收入以外，我国居民最重要的财产性收入来源即股利。因此，股票市场的规范性对投资者收益获取的公平性至关重要。

首先，要尽力杜绝各种违法违规行为。证券市场内部操纵行为实质是普通股民向市场操纵者［往往是高收入（资产）人群］的一种不正常财富转移现象，这不仅严重损害普通股民利益，还不利于社会公正的财富分配效应。因此，形成规范的证券市场，杜绝内幕交易等各种违法违规行为，让股市投资者在相对公平基础上进行博弈是基础。

其次，要尽量减小政策的不连续性对市场的干扰，减小政策对市场供需的直接影响。要提高上市公司信息发布透明度、完善退市制度等，营造公平、透明的市场环境，成为政策制定及考核的出发点和目标。这不仅是我国建立可持续发展的多层次资本市场的前提，对我国股权投资产业（如风投）等也有直接的带动作用；同时，也是减小资本市场泡沫形成的重要制度因素。

最后，要提高投资者适当性教育的水平，扩大其规模。应普及和提高大众的金融知识水平，使金融产品信息公布规范化，确保市场发展和投资者总体盈亏信息的公开化，尽量还原市场真相给投资者，不盲目鼓励投资者参与某个金融市场，或以某种投资理念参与。

第六，建立和健全多层次社保和养老基金的入市标准和管理规范。

正如我们在上一章中对财产性收入的不均衡估计和分解中所发现

的，保险收益在 2005 年有拉大不均衡差距的作用，到 2008 年又成为缩小不均衡差距的金融资产，这来源于社保收益率对不同收入阶层皆均等的特征，也来源于其降低了低收入者参与资本市场门槛的事实。

建立多层次全民社保和养老基金体系，在构建了风险—收益补偿机制合理的金融市场前提下，引导社保资金进入资本市场（包括股权投资和证券交易市场），形成长期资金入市的正规渠道，降低低收入者的入市成本，使其更好地分享金融市场收益。

根据联合国发布的《世界人口展望》提供的预测数据，未来 40 年，全球 60 周岁以上人口规模将从目前的 7.6 亿人上升到 20 亿人，60 周岁以上人口占总人口比例从目前的 11% 上升到 22%，其中，发达国家从 21.7% 上升到 32.5%，发展中国家从 9.3% 上升到 22.7%。到 2009 年年底，我国 60 周岁以上人口已占全部人口的 12.5%，其中 65 周岁以上人口已占 8.5%；到 2020 年，60 周岁以上人口占比已经增加至 17%，65 周岁以上人口占比升至 12%。根据联合国人口数据的预测，2050 年，我国 60 周岁以上人口高达 35%，这一数字将大大超过发达国家的平均水平。

2000 年中国开始步入老龄化社会，2010 年老龄化趋势逐步提高，2020 年以后老龄化社会将进入加速时期。我国面临的是人口红利逐步消失的问题，而且这是一个无法改变的事实。在这样的背景下，社保基金"要坚持审慎原则，安全至上，秉承长期投资、价值投资和责任投资的理念，在确保安全的前提下实现保值增值"。此压力不容小觑。

为全民提供安全的社会保障，其中一个因素就是养老金的规模，其原则上由经济发展、居民收入水平、养老金制度的普及、资本市场的稳定性几个因素决定。

2008 年的全球金融危机凸现了养老保障基金的投资风险。金融危机期间，全球养老基金规模从 31.4 万亿美元大幅缩水到 25 万亿美元。养老基金规模最大的几个国家，在金融危机期间的养老基金损失最为严重。金融危机对养老保障的负面影响在短时间内难以消除，一些国家的公共养老基金筹资率大幅度下降，严重影响养老保障的可持续性和稳定性，政府和企业将不得不在未来一段时间内筹集资金去改善公共养老体系的财务状况。

首先，金融市场相对稳定是社保资金安全发展的重要保障。在全球资本市场中，机构投资者占总投资者的比例约为 50%。其中养老基金是最大的机构投资者，占 18% 的份额，在资本市场中确实具有举足轻重的作用。从对我国的分析来看，社保基金确实相对更多地坚持长期投资的策略，这在一定程度上降低了市场的波动水平。

其次，养老金进入资本市场运作，重要的一点要解决养老金治理结构的问题。如同谈企业治理结构一样，有一个好的养老金治理结构，有充分的信托责任和受益人监督，才有可能建立相对独立和专业化运作的养老金管理体系。

最后，完善的金融产品线为社保基金提供更丰富的投资选择，从而提高收益风险比。事实上，我国社保基金已经在稳步扩大投资范围，这是其降低风险的策略之一。全国社保基金成立初期，主要是投资银行存款和国债，2003 年开始股票投资，2004 年开始实业股权投资，2006 年开始境外投资，2008 年开始股权投资和基金投资。2009 年年底，全国社保基金的固定收益产品投资比例是 40.67%，境内外股票投资比例是 32.45%，实业投资比例是 20.54%；截至 2018 年年末，直接投资占比 44%，境外资产投资占比 7.8%；而从 2000 年成立至 2018 年以来，社保基金年均投资收益率为 7.82%①。

第七，鼓励金融创新。

我国居民投资渠道的匮乏，在一定程度上来源于金融市场制度供给的约束。多样化的、可以满足不同风险—收益需求的投资品种也有不足。鼓励金融创新、形成丰富的金融产品线以及打造金融超市等措施有助于拓宽家庭的投资渠道，为金融市场的发展带来了更多的竞争，还起到了降低金融市场参与成本的效果；同时，减少现有投资渠道供给不足带来的投机性行为，不仅可以分流部分炒房资金，协助其他宏观经济目标的实现，还有助于金融市场本身减少泡沫的形成和累积。当然，对于金融创新带来的风险，也是未来各界需要进一步研究和了解的领域，而制定适度且合理的监管边界是关键。

① 数据来源于社保基金网站。

参考文献

白钦先, 2001. 金融可持续发展研究导论 [M]. 北京: 中国金融出版社.

孔祥毅, 2003. 金融协调的若干理论问题 [J]. 经济学动态 (10): 36-38.

橘木俊诏, 2005. 日本的贫富差距: 从收入与资产进行分析 [M]. 丁红卫, 译. 北京: 商务印书馆.

李实, 魏众, 丁赛, 2005. 中国居民财产分布不均等及其原因的经验分析 [J]. 经济研究 (6): 4-15.

袁志刚, 冯俊, 2005. 居民储蓄与投资选择: 金融资产发展的含义 [J]. 数量经济技术经济研究 (1): 34-49.

张昊, 2008. 老龄化与金融结构演变 [M]. 北京: 中国经济出版社.

彼得·F. 德鲁克, 2009. 养老金革命 [M]. 北京: 东方出版社.

GOLDSMITH R W, 1969. Financial Structure and Development [M]. New Haven: Yale University Press.

RAO V M, 1969. Two Decompositions of the Concentration Ratio [J]. Journal of the Royal Statistical Society Series A (General), 132 (3): 418-425.

SHAW E S, 1973. Financial Deepening in Economics Development [M]. New York: Oxford university Press.

PYATT G, CHEN C N, FEI J, 1980. The Distribution of Income by Factor

Components [J]. Quarterly Journal of Economics, 95 (3): 451-473.

TORBEN G. ANDERSEN, 1998. The Econometrics of Financial Markets [M]. New Jersey: Princeton University Press.

ACEMOGLU D, JOHNSON S, ROBINSON J A, 2001. The Colonial Origins Of Comparative Development: An Empirical Investigation [J]. American Economic Review, 91 (5): 1369-1401.

BENARTZI S, 2001. Excessive Extrapolation and the Allocation of 401 (k) Accounts to Company Stock [J]. Journal of Finance, 56 (5): 1747-1764.

GUISO L, HALIASSOS M, JAPPELLI T, 2003. Household stockholding in Europe: where do we stand and where do we go? [J] Economic Policy, 18 (36): 124-170.

RAJAN R G, ZINGALES L, 2003. The Great Reversals: The Politics of Financial Development in the 20th Century [J]. Journal of Financial Economics, 69 (1): 5-50.

BERGSTRESSER D B, POTERBA J M, 2004. Asset Allocation and Asset Location: Household Evidence from the Survey of Consumer Finances [J]. Journal of Public Economics, 88 (9): 1893-1915.

COCCO J F, 2005. Portfolio Choice in the Presence of Housing [J]. The Review of Financial Studies, 18 (2): 535-567.

Campbell J Y, 2006. Household Finance [J]. Scholarly Articles, 61 (4): 1553-1604.